불완전한 인간

HOMO IMPERFECTUS

불완전한 인간

결점을 안고 살아가는 인류의
생존과 모험에 관하여

마리아 마르티논 토레스 · 김유경 옮김

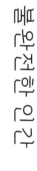 현암사

표지 그림 Camilla Taylor, 〈Waiting Shadows, V〉, 2015

일러두기

– 외래어는 국립국어원 외래어 표기법에 따랐다.
– 본문 하단에 들어간 각주 중 숫자로 표기된 것은
　저자주, *로 표기된 것은 옮긴이주다.
　독자의 이해를 돕기 위해 간단한 용어 설명이
　필요한 것들은 본문 안에 [ ]로 표기했다.

나의 조부모님과 자녀들의 조부모님께

목차

약하지만 완벽한 인간이라는 우주

이 책은 의사에서 고인류학자가 된 한 여성의 마음에 박힌 가시였다. 나는 종종 인류 진화 연구에 전념하게 된 이유가 의대 졸업 후 심경의 변화 때문이냐는 질문을 받는다. 하지만 오히려 그 반대다. 나는 일찍부터 고인류학자가 되기 위해 먼저 의학을 전공하기로 마음먹었다. 그것은 신중한 결정이었고, 소아과 의사인 아버지는 내 결정을 독려해주셨다. 아버지는 항상 우리들에게 학문에 열정을 쏟는 것뿐만 아니라, 꾸준히 노력하는 자세를 강조했다. 물론 의학이 빨리 졸업할 수 있는 전공은 아니었지만, 인간 연구에 접근할 수 있는 가장 견고한 기초가 된 것은 분명하다.

의대를 마친 후 인간의 진화를 공부하기 위해 영국으로 떠날 준비를 하던 나는 이 결정이 곧 의료계와의 작별임을 깨달았다. 물론 생리학이나 발생학의 개념이 필요할 때는 내 잠재의식 속의 의학이 튀어나오겠지만, 당연히 중심이 아니라 보조적인 수단일 것이다. 그렇게 나는 설렘과 동시에 두려움을 안고 정해진 학업 계획 없이 모험을 시작했다. 하지만 내 마음 깊은 곳에는 억눌린 슬픔이 남아 있었다. 더는 환자를 볼 수 없을 거라는 생각 때문이었다. 나는 환자들을 만나는 게 좋았다. 몇 년 동안 인턴십을 하며 진료실에서 환자들을 맞았는데, 늘 다음에 들어올 환자가 어떤 사람일지 무척 궁금했다. 그것은 단순한 과학적 호기심이 아니라 사람에 대한 호기심이었다. 물론 해결해야 할 병리학적 증상도 흥미로웠지만, 환자가 자신의 질병을 어떻게 이야기할지, 그것을 삶에 어떻게 받아들일지, 그런 상황에서 가족들은 어떤 역할을 하는지 혹은 가족의 역할이 없는지 그리고 그 병을 통해 의사와 어떤 관계를 맺게 될지에 관심이 더 컸다. 질병을 안고 병원으로 들어온 남녀의 벌거벗음 — 비유인 동시에 문자 그대로 —, 그들의 걱정과 연약함, 고통, 의심, 질병으로 인한 기분과 분위기, 그리고 개개인의 독특한 이야기는 내게 하나의 우주처럼 보였다. 그 우주는 매번 완벽했고 매번 달랐다.

나는 두 분야를 공부하면서 의사의 시선과 고생물학자의 시선이 비슷하면서도 매우 다르다는 것을 깨달았다. 의사와 고인류학자는 모두 인간에게 관심이 있지만, 그들의 지적 여정의 방향은 다르다. 보통 고생물학자는 특정 화석을 통해서 한때 해당 개체가 속했던 전체 種에 대한 일반

불완전한 인간

적 추론을 시도한다. 이 기술은 작가 헤밍웨이가 소설을 쓰기 위해 사용한 빙산 이론*과 비슷하다. 고생물학자는 보이는 유일한 것, 즉 빙산의 일각(화석)을 보고 물에 잠긴 얼음덩어리가 무엇인지 추측할 수 있어야 한다. 따라서 이 여정의 방향은 개인적인 상황에서 집단적인 상황으로 이동한다. 하지만 의학의 방향은 정반대다. 일반적인 상황에서 특정한 상황으로 이동하기 때문이다. 의사는 특정 개인의 상황을 파악하기 위해 모든 지식을 쏟아붓는다. 즉 고생물학은 개인에서 벗어나 속한 종에 접근하는 반면, 의학은 집단에서 벗어나 한 인간과 현재에 초점을 맞춘다.

어쨌든 의학은 나의 일상에 잠재되어 있었다. 특히 해부학과 생리학, 발생학, 생화학 및 생물 통계학의 개념을 다루거나 필요에 따라 그것들과 연결할 때 매우 유용했다. 지질학과 생물학의 중간 지점에 있는 귀중한 '대상들'인 화석은 인간적인 면모를 간직하고 있었는데, 의학은 그것들을 되살리기 위해 가능한 모든 도구를 제공했다. 화석을 연구할 때마다 내 안에 잠재된 의사는 내 눈동자 속에 나타나 과연 화석의 주인공은 누구였을까, 그 호미니드hominid에게 무

---

* 진실은 수면 위에 있고 이를 지지하는 체계와 상징은 시야에서 보이지 않는다는 것으로 '생략 이론'으로 불리기도 한다. 헤밍웨이는 작가가 무언가를 서술할 때, 그 수면 아래에서 일어나는 전혀 다른 것들을 가지고도 충분히 묘사할수 있다고 생각했다.

슨 일이 일어났을까 하는 질문을 던진다. 의사로서의 교육을 받은 탓에, 나는 비록 화석의 형태일지라도 한 개인에 관한 관심을 결코 거둘 수 없었다. 다행히도 그런 '개인'에 대한 관심 덕분에 아타푸에르카Atapuerca 연구팀은 비옥한 땅을 발견하게 되었다. 그리고 그곳에서 나온 대부분의 화석은 미겔론Miguelón, 벤하미나Benjamina, 아가메논Agamenón, 라파Rafa와 같은 자기 이름을 갖게 되었다.

나는 브리스틀 대학교에서 인간 진화 석사 과정을 공부한 뒤, 아타푸에르카 연구팀에 합류했다. 그리고 유적지 공동 책임자이자 내 박사 논문 공동 지도자인 호세 마리아 베르무데스 데 카스트로José María Bermúdez de Castro의 도움으로 치아 특징을 전문으로 연구하게 되었다. 헤밍웨이의 빙산 이론처럼, 나는 한 개인의 블랙박스 — 여기서는 화이트겠지만 — 즉 제곱밀리미터당 가장 다양하고 많은 정보가 보존된 해부학적 부위인 치아를 해독하는 법을 배웠다. 분류학과 계통학, 식단, 발달, 질병 등 모든 것이 치아의 산꼭대기와 계곡의 풍경 속에 암호화되어 있었다.

나는 박사 학위 논문을 쓰면서 마드리드 콤플루텐세 대학에서 법의학 인류학을 전공했는데, 이것은 여전히 내 안에서 활개를 치고 있는 의사에게 조금 더 숨을 불어넣어 주었다. 그리고 아타푸에르카 연구팀 내의 뛰어난 고생물학자인 아나 그라시아Ana Gracia를 만났고, 고생물병리학에 관한 관심을 함께 나누다 보니 과거 질병에 관한 관심이 생

불완전한 인간

겼다. 나는 환자를 계속 만나고 싶은 마음에 브래드퍼드 대학에서 연구 과정을 밟았다. 런던왕립학회에서 장학금을 받아 고생물학 분야의 최고 권위자 중 한 명인 크리스 크뉘셀Chris Knüsel 교수의 지도를 받았다. 그렇게 나는 치아에 관한 박사 학위 논문을 끝냈다.

　결과적으로 내가 치아 고인류학자로 일하게 된 것은 과거 내 의학 경험 때문일지도 모른다. 그렇게 나는 그 주제에 관한 자료들을 다시 읽기 시작했다. 그러면서 질병이 적응과 생존의 투쟁이 담긴 실시간 사진임에도 불구하고, 고생물학 문헌에서는 질병 연구가 애매하고 영향력이 적다는 사실을 발견했다. 그런 문헌들을 보며 화석 기록에서 병리학적인 충분한 검토와 연결이 필요하다는 것을 확신했다. 우리 조상들이 겪은 질병에 대한 개요, 그들의 건강과 질병에 대한 평가, 그것들이 현재의 우리에게 해줄 이야기 등에 대한 파노라마를 제공하는 포괄적 분석이 없었기 때문이다. 과연 그들은 우리보다 강했을까, 아니면 더 약했을까? 더 건강했을까? 그들도 우리처럼 두려워했을까? 우리와 같은 이유로 죽었을까? 이 중요한 과제는 고병리학을 공부하기로 한 마요르카 출신의 라우라 마르틴-프란세스Laura Martín-Francés와의 만남으로 구체화되었다. 내가 아나, 호세 마리아와 함께 그 주제에 대한 라우라의 박사 논문을 지도할 수 있는지를 결정하는 건 별로 오래 걸리지 않았다. 다행히도 라우라가 내 삶에 들어오자, 함께 연구하고 수많은 경험과 발견을 통해 끈끈한 우정이 생겼다. 가르치는 일은 자기 일을 좋아하는 사람들에게 가장 만족스러운 활동 중 하나이고, 나는 그 작업을 통해 완전한 성취감을 느꼈다. 그녀의 박사 학위 논문을 통해 나도 성장하고 배웠다.

그 후 우리는 아타푸에르카에 100만 년 이상 살았던 호미니드들에 특별한 관심을 두고 화석 기록의 병리학 연구를 해나갔다. 이 책에서도 그것에 관한 내용을 일부 언급할 것이다. 그러나 무엇보다도 나는 이 책을 통해 진화와 의학의 관점에서 우리 종에 대한 매우 개인적인 생각을 나눌 것이다. 나는 오랜 시간이 지나서야 현실을 바라보는 나의 방식이 얼마나 의학적 개념에 많이 치우쳐 있는지 깨닫게 되었다. 질병은 호모 사피엔스 역사 속에서 조용하지만 위대한 주인공이다. 독자 여러분도 나처럼, 질병이 우리의 개인적 삶뿐만 아니라 과거 우리의 소중한 종의 역사에 얼마나 큰 영향을 끼쳤는지, 그리고 앞으로도 그 영향이 계속되리라는 사실을 알면 놀라게 될 것이다.

우리는 종종 질병을 예외적이고 비정상인 것으로 여기거나, 작은 글씨나 삶의 각주로 취급한다. 하지만 질병은 우리의 생존과 적응의 모험에서 핵심적인 부분이다. 미국의 작가이자 문학평론가인 아나톨 브로야드Anatole Broyard는 그의 작품인 『내 병에 취해Intoxicated by My Illness』에서 "자신이 아프다는 것을 아는 것은 인생에서 가장 중대한 경험 중하나다"라고 말했다. 나는 이 말에 전적으로 동의한다. 죽

불완전한 인간

음의 벼랑 끝으로 몰아가는 부정적인 경험에서조차 배움과 풍요를 끌어내는 것은 우리 종의 가장 매혹적인 지적 곡예 중 하나이기 때문이다. 나는 취약성과 시간의 유한성, 약점에 대한 인식이 호모 사피엔스의 행동과 결정의 '중심 동기'라고 믿는다. 질병은 우리의 매우 특별한 무대인데, 오직 인간만이 그곳에서 성장하고 관계를 맺을 수 있기 때문이다.

동물계에서 질병은 영구적 상태가 아니라 일시적 상황일 때가 많다. 자연계에서 질병은 생명과 양립하는 경우가 드물고, 사실상 질병이 곧 생명의 끝이 되는 경우가 많다. 그러나 인간계에서 질병은 현재 존재하면서 평생 동반자가 될 수 있을 뿐만 아니라, 인간이 질병을 지배하기도 하고, 심지어 그것을 경험하는 자기만의 방식을 발전시켜나가기도 한다. 또한 질병에 덤비다가 항복하기도 하고, 그것에 분노하거나 무시하기도 한다. 하지만 내가 볼 때 가장 흥미로운 점은 질병이 한 사람의 삶과 주변 환경을 좌우할 수 있을 뿐만 아니라, 대규모로 보면 자연 선택이라는 조각칼로 우리의 진화 역사를 조각해왔다는 사실이다. 아마 여러분도 인류의 많은 생물학적 불완전성이 우리 생존 전략을 정의하는 적응 열쇠를 숨기고 있다는 사실을 알게 되면 놀랄 것이다.

그것이 바로 이 책의 내용이다. 나는 매우 개인적인 관점으로 상황을 보려고 노력했다. 교수로서 뭔가를 가르치거나, 진화 의학에 관해 증명하는 글을 쓰거나, 조상들의 의학적 진단을 철저하게 검토할 생각은 전혀 없다. 그저 우리가 보통 결함으로 생각하는 질병과 불완전성이 개인뿐만 아니라 우리가 누구인지를 밝혀줄 수 있다는 사실을 분석해나갈 것이다.

어떤 사람들은 우리 혈통에 대해서 승리와 발전이라는 이상적인 과거를 구축하는 데 관심을 두지만, 나는 호모 사피엔스의 불완전한 과거를 찾고, 우리 종이 모든 '결점'을 안고 여기까지 살아 남아온 방식에 가치를 두고 감동한다. 사피엔스 모험의 에피소드가 모두 긍정적인 건 아니지만, 자신과 타인의 질병 그리고 이에 대처하는 방식을 통해서도 우리는 승리를 맛볼 수 있다.

나는 이 모든 것이 이야기할 만한 가치가 있다고 생각했다. 어쩌면 일부 독자는 나처럼 우리 자신을 바라보는 이런 방식에 어느 정도 위안을 얻을 수 있을지도 모르겠다. 또한 이 책은 최근 여기저기서 공격을 받는 호모 사피엔스를 조금 더 사랑하는 데 도움이 될 수도 있을 것이다.

후안 그라시아 아르멘다리스Juan Gracia Armendáriz가 쓴 『창백한 남자의 일기Diario de un hombre pálido』에서 멋진 몇 마디를 빌려 이 서문을 마무리하려고 한다. 친애하는 독자 여러분, "질병의 어두운 근원에서 빛나는 진주가 얼마나 많은지 확인해보면 놀랄 것이다". 이 말을 믿어주길 바란다.

불완전한 인간

아픈 곳 건드리기

누구나 한번쯤은 주인공 혹은 증인으로서 "기쁠 때나 슬플 때나, 건강할 때나 병들 때나" 죽음이 갈라놓을 때까지 누군 가를 사랑하겠다는 유명한 맹세를 들어봤을 것이다. 이 맹 세는 질병을 슬픔과 동일시하면서 건강이 나빠졌을 때 누군가를 사랑하는 것이 불의 시험이라는 사실을 분명하게 보여준다. 질병을 바라보는 또 다른 중요한 관점이 있다. 병을 앓았던 작가 버지니아 울프는 그녀의 감동적인 에세이 『아픈 것에 관하여On Being Ill』에서 질병이 "뿌리 주변의 땅을 약하게 한다"라고 말하며, 고통을 겪으면 무방비 상태가 된다는 점을 강조했다.

질병은 비본질적인 수단, 즉 우리가 본모습을 감추기 위해 사용하는 수단들이 거의 남지 않을 때까지 우리를 싸움으로 몰아넣는다. 그럴 때 결국 나의 꾸밈없는 본모습이

드러나기 때문에 누군가가 이런 안 좋은 상황에서도 나를 사랑한다면 그는 나의 진짜 모습을 사랑한다는 뜻이다. 이런 질병의 엄숙함에도 불구하고 사랑과 전쟁, 질투와 함께 문학의 위대한 주제 안에 들지 못한다는 사실이 놀랍다고 했던 버지니아 울프 말에 나는 동감한다. 고생물학에서도 마찬가지인데, 질병을 연구하는 학문은 우리 과거를 재구성하는 과정에서 늘 사소하게 치부되며 변두리에서만 맴돌았다.

보통 인간의 진화를 다룰 때는 주로 성공의 비결을 이야기한다. 즉 핵심적인 적응력을 얻고 그 능력이 계속 향상되면서 지구상에서 거의 완벽한 존재이자 주인이 되는 과정을 설명한다. 호미니드[1]는 이족 보행을 하고, 나무에서 벗어나 미지의 영역으로 모험을 떠날 수 있는 새로운 자유를 얻었다. 또한 육식을 시작하면서 먹을거리 범위를 넓혔고, 적당한 장소를 찾아 생존할 수 있는 영역도 확장했다. 자기 길을 개척하기 위해 도구를 만들고, 도구 사용법을 배워 스스로 방어하고 공격하고 사냥도 했다. 그리고 뇌의 크기가 커지면서 마침내 자신의 발달과 생명 작용의 통제권을 쥐게 되었다. 그렇게 미래를 예측하고, 존재하는 것과 아직 존

---

1   이 책 전체에서는 우리 계통이 계통과 분기된 이후, 우리 종과 모든 조상을 포함하는 사람아족(Hominina)의 아족을 지칭하기 위해 호미니드(Hominid)라는 용어를 사용할 것이다.

불완전한 인간

재하지 않는 것에 대해 이야기할 수 있는 정교한 소통 체계를 만들어냈을 것이다.

요컨대 호미니드는 자신이 세상에 적응하던 것에서 세상이 자신에게 적응하는 방향으로 변화시켰을 것이다. 생물학적 관점에서 볼 때, 인간이 지구상 거의 모든 곳에 살수 있을 정도로 압도적으로 많고 성공한 종種이라는 데는 의심의 여지가 없다. 하지만 이런 인간의 이상적인 자화상 속에서 질병은 과연 어디에 있는 걸까? 결함과 불완전함은 어디에 있는 걸까? 만일 우리가 진화와 자연 선택의 산물이라면, 호모 사피엔스에게서 나타나는 신체적, 정신적 약점들을 설명하기는 쉽지 않다. 왜 우리는 병에 걸릴까? 왜 우리는 늙을까? 최적의 적응력을 가졌다면 승리만 해야 하는게 아닐까? 높은 수준으로 적응했다고 하는 종이 왜 매일 고통을 안고 살아가는 걸까? 왜 우리는 모든 질병을 고칠수 없는 걸까? 왜 그렇게 많은 결함이 진화 과정에서 제거되지 않은 걸까? 그렇다면 자연 선택은 졸작이 아닐까?

최근 10년간 진화 의학이나 다윈 의학은 인간의 신체적, 정신적 장애를 해결하는 새로운 방법으로 부상했다. 질병의 '근접 원인proximate cause', 즉 실패와 질병을 유발하는 메커니즘(예를 들어 바이러스가 폐포막에 침투해 변형을 일으키고 호흡기 문제를 유발함) 앞에서 다윈 의학은 '진화적 원인'을 탐구한다. 다시 말해 가장 먼저 모든 개체의 공통적인 취약성, 즉 병에 걸리기 쉬운 원인을 설명한다(높은 인구밀도와 이동성은 전염성을 높이고 질병에 취약하게 만든다). 고전 의학이 '무엇'(병인학*)과 '어떻게'(병리생리학**)에 관심을 둔다면, 진화 의학은 대체로 특정 위험에 더 취약하게 되는 특징이나 조건이 지속되는 '이유'를 명확하게 밝히면서 그 원인을 제기하는 것이다. 고전 의학에서는 허리 통증을 요추 과부하 때문이라고 설명하지만, 다윈 의학에서는 이것이 최소 300만 년 전에 두 발 보행을 채택한 데 따른 자연스러운 대가라고 말한다.

이 책은 다윈 의학의 프리즘을 통해 우리 종의 진화를 탐구하고자 한다. 잠재력에도 불구하고 진화 의학은 화석 발견물을 해석하거나 인간의 적응 기원을 조사하는 데 사용되지 않았다. 참고로, 이것은 찰스 다윈의 작업을 통해 발전했기에 다윈 의학이라고도 부른다. 다윈의 작업에서 눈에 띄는 점이 있다면, 진화와 자연 선택이 어떻게 생명체의 건강과 질병을 형성했는지에 대한 언급이 없다는 사실이다. 아마도 다윈은 아버지의 뜻에 따라 공부하려고 했던 의학을 멀리하면서 질병의 기원과 진화에 관한 탐구도 멀리하게 되었던 것 같다. 하지만 앞으로 살펴보게 될 것처럼, 인간의 진화 과정에서 질병은 꼭 다뤄야 할 주제다. 왜냐하면, 예를 들어 암이나 전염병과 같은 일부 질병은 우리 종

---

*   병의 원인이 무엇인지 연구하는 학문
**   질병에 걸렸을 경우 생리적 기능에 어떤 변화가 일어나는가를 연구하는 학문

의 취약성을 설명하는 데 도움이 되기 때문이다. 진화 의학의 아버지로 알려진 진화생물학자 조지 윌리엄스George C. Williams, 그와 함께 이 분야에서 최초로 포괄적인 논문을 공동 집필한 랜돌프 네스Randolph M. Nesse는 "의사는 사실들은 알지만, 그 기원은 모른다"라고 말했다. 이것은 사소한 문제가 아니다. 호모 사피엔스처럼 생각하는 환자에게는 '내게 무슨 일이 벌어졌는지'를 아는 것만큼이나 '왜 이런 일이 벌어졌는지'를 아는 것도 중요하기 때문이다. 이상적인 관점에서 의사는 '근접' 원인과 '궁극적' 원인(무슨 일이 발생했고, 왜 발생했는지)을 모두 알 때까지 포기해서는 안 된다.

이 새로운 관점에서 독자 여러분은 오늘날 우리가 부족함이나 결함으로 생각하는 것 중 얼마나 많은 것이 생존을 위한 투쟁에 뿌리를 두고 있는지 알게 될 것이다. 대규모 전염병부터 신경퇴행성 질환, 수면 장애, 불안이나 알레르기 그리고 종양에 이르기까지 질병의 진화적 분석은 인간의 적응 전략의 핵심 측면을 보여줄 것이다. 과연 질병의 증상은 모두 허약함의 증거일까? 아니면 시스템 오류의 결과일까? 진화가 이루어진다면 왜 우리는 계속 병에 걸리는 걸까? 혹시 계속 진화하고 있기 때문일까? 이 책은 이제까지 그저 '불완전함'으로 분류했던 질병을 새로운 방식으로 해석하는 데 초점을 맞추면서, 우리 기원에 대한 다른 시각을 제공할 것이다.

역사를 통틀어 우리의 주요 관심사인 생존은 전 세계적

으로 엄청난 양의 자원이 투입되는 또 다른 관심사인 건강과 웰빙, 즉 궁극적으로 더 나은 삶을 추구하는 것에 그 자리를 내주었다. 그렇다면 모든 질병과 결점은 과연 어디에 끼워 넣을 수 있을까? 그저 이것들을 생물학적 메커니즘의 불가피한 고장쯤으로 여기면 되는 걸까? 아니면 그것들에 대해 다른 관점을 제공할 수 있는 진화적인 빛이 있을까?

실제로 우리는 허혈성심장병이나 뇌졸중처럼 피하거나 예방할 수 있는 질병 때문에 죽고, 없앨 수 없는 수많은 대사 장애나 과민증을 안고 살아간다. 이런 증상들은 대부분 우리가 자초한 생활 방식과 관련이 있다. 하지만 우리 몸은 현재 환경의 요구에 제대로 반응하지 못하는 것 같다. 왜 우리의 생물학적 기능은 적응하지 못하는 걸까?

면역 체계는 말할 것도 없다. 인류는 감염과 유행병의 위협에 시달리지만, 우리 면역 체계는 자기 몸을 공격하거나 잘못된 대상을 공격함으로써 시간을 낭비한다. 그래서 자가면역질환과 알레르기가 사라지기는커녕 오히려 그 발병률이 증가하고 있다. 도대체 이게 다 무슨 일인 걸까?

오늘날 또 다른 중요한 위협 요인은 바로 암이다. 생의학 연구에도 불구하고 암 발병률은 계속 증가한다. 왜 우리의 생물학적 기능은 이런 해로운 돌연변이를 제거하지 않는 걸까? 왜 손상된 조직들을 고치지 못하는 걸까?

청소년기는 또 어떤가? 성인기에 진입하기 직전에 우리 종은 호모 사피엔스에서만 발생하는 진정한 생물학적,

불완전한 인간

행동적 혁명을 겪는데, 이로 인해 우울증이나 외상성 사망을 겪을 위험마저 증가한다. 진화론적 관점에서 볼 때 이 과정은 무모한 게 아닐까? 또 불안이나 수면 장애도 우리를 괴롭힌다. 우리는 스스로 똑똑한 종이라고 생각하지만, 일상생활의 스트레스도 제대로 조절하지 못한다. 우리 사회에서 일정한 기간 내에 사람들이 병에 걸리는 비율인 이환율과 사망률이 높은 광범위한 신경 퇴행성 질병들을 봐도 마찬가지다. 왜 진화는 뇌처럼 중요한 기관의 관리 능력을 개선하지 못할까? 그 기능을 조절하기는커녕 조절하지 않으면 죽을 수밖에 없다는 사실을 알면서도 살아가는 것과 같은 황당한 일로 우리를 괴롭히는 걸까? 이것은 자연 선택이 인간에게 가하는 마키아벨리적 고문이* 아닐까?

몸은 수십, 수백만 년 진화의 결과로, 그동안 우리의 기술 능력으로 인해 급변화한 환경에 잘 적응하고 조절해왔다. 일부 장애는 과거의 유산이자 지금은 쓸모없어진 적응의 결과다. 이제 더는 적응해야 할 똑같은 위험이 존재하지 않기 때문이다. 많은 질병 증상이 인간의 생물학적 기능과 직면한 새로운 환경, 그리고 우리가 적응한 것과 다른 환경의 요구로 생긴 결과임을 확인할 것이다. 그 자연 선택은 느린 편으로, 적어도 그 새로운 도전에 바로 적응할 만큼 아주

---

* 고문관이 피해자에게 광기 어린 방식으로 고통을 가하는 것으로 오늘날에는 윤리적으로 부적절하거나 비인도적인 행위를 설명하는 용어이다.

빠르지는 않다. 따라서 일부 증상은 새로운 위협에 대한 보호가 부족하다는 사실을 보여준다.

또한 우리는 질병의 일부 징후와 증상이 몸의 시스템 오작동의 증거가 아니라, 공격에 대한 방어의 증거임을 알게 될 것이다. 하지만 한편으로 생물학적 기능은 질병을 유발하는 유전자를 선택할 수도 있다. 거기에는 몸의 다른 부분이나 삶의 다른 순간에 어떤 보상적 혜택이 숨어 있기 때문이다. 때때로 그런 것이 설계상의 결함처럼 보이지만 알고 보면 그 안에는 보상이 숨겨져 있다. 그리고 그 보상의 중요성은 자연 선택이라는 필터를 통과했다. 많은 질병들이 사실은 우리 몸이 모험 중에 맞닥뜨리는 모든 요구를 충족시키기 위해 찾은 타협적인 해결책인 셈이다.

진화론적 관점에서 일부 결함들은 다른 형태로 나타날 것이다. 우리가 무엇을 준비하고 준비하지 않는지, 어떤 두려움들이 새롭고, 어떤 위협들이 같은 것인지를 자문해볼 수 있을 것이다. 진화 의학은 질병을 특정 환자에게 영향을 미치는 결함이나 차이점으로 접근하는 대신, 건강뿐만 아니라 특히 질병 속에서 우리 모든 사피엔스를 하나로 묶는 메커니즘이 무엇인지 파악한다.

의사이자 고인류학자인 나는 상처에 깊이 파고드는 일에 관심이 있다. 우리는 종종 영웅들의 '인간적인 면모'에 감동한다. 처음에는 그들의 위업에 관심을 두지만, 그들의 고통을 알게 되면 그들과 더 가까워진다고 느낀다. 이 책은 두려움과 불안, 실패에 관한 이야기를 통해 우리 종의 모습을 재구성한다. 우리 종의 병력전기학Pathobiography*, 즉 고통의 전기라고 할 수 있다. 책을 읽다 보면 호미니드가 병에 걸린 방식을 바탕으로도 그들의 특징을 발견할 수 있음을 알게 될 것이다. 이렇게 질병은 본질을 설명하는 데 도움이 된다. 나는 호모 사피엔스의 아픈 곳을 건드림으로써 그 뿌리 주변의 흙을 부드럽게 하고, 그 결과 그들의 가장 진실하고 숨김없는 모습을 보여줄 수 있을 것이라고 믿는다.

---

* 개인의 병력과 생애를 결합해 고찰하는 과학

1

인간의 삶이 영원하지 않은 이유

죽음에 대하여

우리는 결국 흥이 깨질 수밖에 없는 종種이다. 삶이 시작될 때부터 죽게 될 것을 알고 있기 때문이다. 스페인 작가 미겔 델리베스Miguel Delibes는 그의 소설 『사이프러스 나무 그림자 길어지다La sombra del ciprés es alargada』에서 아주 일찍이 삶이 영원하지 않다는 것을 알아버린 인간의 실존적 고뇌를 보여준다. 묘지 수호에 탁월한 나무인 사이프러스는 길고 날카로운 그림자를 드리운다. 그리고 이 뾰족한 창 같은 그림자*는 자기에게 맞춰진 세상에서 자유롭고 행복하게

---

* 이 소설의 주요 주제는 삶의 무상함과 시간의 흐름인데, 이를 사이프러스의 형상을 통해 표현하고 있다. 이 나무의 모습은 소설의 주제를 반복하는 상징으로 사용된다. 사이프러스 나무는 빨리 자라며 인생의 짧음을 상징하는 긴 그림자를 갖고 있기 때문이다.

여기저기를 마음대로 떠돌 수 있었을 한 종에게 고통과 상처를 준다. 하지만 우리 종은 죽을 거라는 사실을 알고 살아간다. 이 피할 수 없는 결말을 분명하게 알고 살아가는 게 어떤 이점과 의미가 있는지 궁금하지 않을 수 없다.

다윈은 『종의 기원』에서 생물들을 바라보는 역동적인 관점을 제시했다. 동물과 식물의 본래 속성은 정적이거나 영구적이지 않고 시간의 흐름에 따라 변한다. 그리고 다윈은 특정 상황과 환경에 가장 잘 적응하는 변종들이 더 오래 살고 번식한다고 설명했다. 이것이 바로 자연 선택이다. 이 진화론적 필터로, 인간이든 고양잇과든 제라늄이든 새로운 생물 형태가 새로운 특징이 없는 생물보다 더 잘 번식하고, 반대로 살아남지 못하면 멸종한다. 그럼 과연 이런 상황 속에서 우리가 죽는다는 것을 아는 게 우리에게 무슨 도움이 될까? 삶이 덧없다는 걸 알고 그것을 고민하면서 사는 게 도움이 되는 걸까? 이것은 자연 선택이 제거하지 못한 결함 중 하나일까? 혹시 자연 선택이 지키고자 하는 다른 특징들 때문에 생긴 부작용은 아닐까?

그럼 처음부터, 아니 더 정확히 말하면 '끝'처럼 보이는 죽음부터 시작해보자. 죽음은 우리 삶에서 본질적인 부분이다. 우리가 아는 사람 중에 그 불행에서 벗어날 수 있는 사람은 아무도 없다. 언젠가 '죽음이라는 낫을 든 여인'을 만나야 한다는 사실을 모두 알고 있다. 하지만 태어난 나라에 따라 그 여인이 더 일찍 혹은 더 늦게 찾아올 수도 있다. 그

30

확률은 다르다. 그것이 바로 기대 수명Life expectancy, 즉 한 사람이 앞으로 생존할 거라고 예상하는 평균 수명인데, 개인이 속한 거주 지역에 따라 다르다.

보통 기대 수명을 이야기할 때 대부분은 '출생 시' 개인의 기대 수명을 다룬다. 일반적으로 한 국가의 기대 수명이 높다는 것은 해당 인구의 생활수준이 양호해서 그 사람들을 더 오래 살게 도와주는 일련의 자원과 보살핌이 충분하다는 뜻이다. 반대로 기대 수명이 낮다는 것은 사회경제 및 건강 수준이 좋지 않다는 뜻으로, 여기에 속한 사람들은 살면서 겪는 생존 위협을 극복하는 데 더 어려움을 겪을 것이다. 참고로 일부 사람들의 예상과 달리 스페인은 기대 수명이 높은 국가 순위에서 항상 상위권을 차지한다.

탄생과 유년기라는 중요한 시기를 지나면, 나이가 들수록 사망률도 높아진다. 이것을 곰퍼츠-메이컴 사망률 법칙Gompertz-Makeham*이라고 한다. 이런 확률을 그래프로 나타낼 수 있는데, 가로축(X축)은 나이를 세로축(Y축)은 사망률(100퍼센트 '확실한 죽음')을 나타낸다. 여기에서는 짧은 가지와 매우 긴 가지 모양의 비대칭 U자 형태의 곡선을 볼 수 있다.

---

* 벤저민 곰퍼츠가 사망률이 연령에 따라 증가한다고 발표한 것에 윌리엄 메이컴이 연령 외 다른 항을 넣어서 수정해 만든 법칙이다.

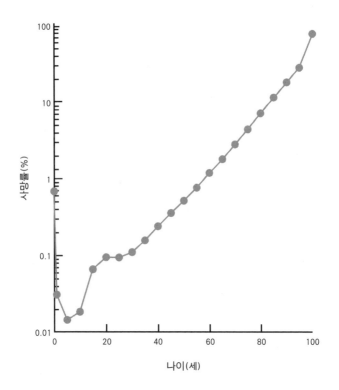

2003년 미국 인구로 추정한 나이별 사망 확률

(출처: Arias, 2006. 영어 위키피디아,
〈https://commons.wikimedia.org/w/index.php?curid=94512369〉)

　출생 시나 생후 첫해 사망률은 상대적으로 높다. 하지
만 이 단계가 지나면 사망률은 최하로 떨어지며, 그러다가
다시 11~13세부터 기하급수적으로 증가하기 시작한다. 약
100세에는 거의 100퍼센트가 된다. 역설적이게도 이 그래
프에서 우리 삶의 '내리막길'은 '오르막길'로 표현된다. 평

불완전한 인간

범하지만 아주 간단히 정의하면, 노화 —— 앞으로 살펴보겠지만 더 정확히는 노쇠 —— 는 나이가 들수록 사망률은 증가한다. 내일이라도 교통사고나 익사, 살인('외부적 사망 원인'이라고 함) 등 예상치 못한 일이 일어날 수 있다. 하지만 보통 50세라면 사망률은 약 0.5퍼센트이고, 80세라면 5퍼센트로 증가하며, 그때부터 가속화가 시작되어 20년 이내에 살아 있는 것은 기적이 될 수 있다. 내가 이런 말들을 주저리주저리 하는 이유는 우리가 몸을 잘 돌본다면, 비록 낮기는 하지만 몇 년 정도는 더 생명을 연장시킬 기회가 있다는 걸 알고 있기 때문이다. 이는 분명한 사실이므로 정부 차원에서도 이를 위해 노력해야 한다.

예를 들어 의료 서비스를 강화해서 건강 상태와 복지가 개선되면, 해당 지역 사람들의 사망 나이는 높아질 수 있다. 하지만 아무리 노력해도 인간이 더는 살 수 없는, 넘지 못할 한계선이 있기 마련이다. 이것이 '수명'의 개념이다. 우리가 아무리 자신을 잘 돌보고, 강철 같은 건강의 소유자라고 해도 인간이라는 종은 120세를 넘기기 어렵다. 그것이 우리에게 주어진 최대 기간이다. 기대 수명을 개선하면 '조기' 사망은 예방할 수 있지만 수명은 생물학적 요인으로 결정되기 때문에 분명 한계가 있다.

반려동물로 개를 길러본 사람이라면, "개의 1년이 사람의 8년과 같다"는 말을 들어봤을 것이다. 물론 아주 정확한 말은 아니다. 다만 이 계산법은 개가 사람만큼 '오래 살지는 않는다'는 우리의 생각을 보여준다. 물론 아주 오래 사는 동물들도 있다. 어떤 거북이는 수백 년을 살 수 있다. 하지만 개나 고양이는 기껏해야 10년 정도 우리와 동행한다. 가장 오래 산 생물을 살펴보자면 500년 이상 된 해양 조개류를 들 수 있다. 이 조개를 발견한 사람들은 이것이 중국 명나라 때 태어났다며, 그 통치 왕조를 기려 밍Ming*이라는 이름을 붙였다. 하지만 역설적으로 이 조개는 나이를 추측하려는 사람들 때문에 희생당하고 말았다**. 이런 상황으로 볼 때, 우리 종은 영장류 중에서 두드러지게 장수한다. 기대 수명은 우리의 조상인 오스트랄로피테쿠스에서 사람속Homo에 이르러 점점 개선되었다. 그리고 최초의 호미니드들은 수명이 더 짧았는데, 우리의 친척인 침팬지와 고릴라 또는 오랑우탄과 수명이 비슷할 가능성이 높다. 이에 대해서는 뒤에 다시 이야기할 것이다.

다시 죽음으로 돌아가서 '저승사자, 해골할멈, 합죽할미, 마귀할멈'***에게 다가가 보자. 불행히도 우리는 죽는 것으로 모자라서 죽음에 가까이 다가갈수록 육체적, 정신

---

     *   '명(明)'의 중국어 발음

   **   영국 웨일즈의 뱅거 대학교 연구팀은 조개의 나이를 더 정확히 알려다가 조개를 여는 실수를 범했고, 조개는 얼마 지나지 않아 죽었다.

 ***   스페인 문화권에서 죽음을 뜻하는 단어들로 모두 여성형으로 표현한다. 죽음(Muerte)이라는 단어 자체가 여성형(스페인어에서 단어는 성수 구분이 있음)이기 때문이다.

적 능력의 저하를 경험한다. 죽는 건 어쩔 수 없다고 치자. 하지만 늙는 것은? 이게 정말 필요한 걸까?

노화Aging에 관해 다룰 때 가장 많이 이야기하는 것이 바로 '노쇠Senescence'다. 노화는 단순히 늙는다는 사실을 뜻하지만 노쇠는 나이가 들어감에 따라 발생하는 전반적인 악화 과정, 그에 따라 고통받는 질병 및 변화에 대한 취약성 증가, 신체의 복구 능력 감소라고 할 수 있다. 우리는 이 단어를 노년기와 연관짓지만, 학술적으로 볼 때 능력 저하는 그보다 훨씬 더 일찍 시작된다. 사람들은 "이제 몸이 예전 같지 않다"는 말을 자주 한다. 특히 코로나 격리 기간을 보낸 후에 그 말을 더 많이 하는 것 같다. 하지만 사실 노쇠는 사춘기 직후부터 시작된다.

신체적, 정신적 능력이 쇠퇴해도 처음에는 크게 티가 나지 않는다. 예를 들어 새로운 언어 학습의 어려움, 마라톤 기록 경신이 아닌 기존 최고 기록 유지를 위한 신체 저항력, 책을 가까이에서 읽는 데 필요한 안경, 빠뜨리고 사는 물건이 없도록 쇼핑 목록 만들기는 우리 몸을 통과하는 시간의 흐름을 보여주는 분명한 증거들이다. 일반적으로는 그렇지만 모든 동물이 노화하는 것은 아니다. 해파리는 늙지 않을 뿐만 아니라 미성숙 상태인 폴립 상태로 되돌아가는 회춘까지 한다. 또한 몸 대부분이 끊임없이 재생하는 줄기세포로 이루어진, 길이가 몇 센티미터 안 되는 무척추동물 히드라도 있다. 곰퍼츠-메이컴 사망률 법칙을 무시하는 매혹적인 포유동물 벌거숭이두더지쥐도 있다. 이들은 성적으로 성숙하고 나면 사망률이 최소가 될 뿐만 아니라 오히려 감소한다. 인간의 경우와는 사뭇 다르다. 노쇠 때문에 나이가 들면 사망률도 높아지지만, 노화하지 않는 동물은 시간이 지나도 그대로다. 그렇다면 우리 인간은 왜 사망률이 감소하거나 유지되지 않고 오히려 증가하는 걸까? 왜 우리는 불멸할 수 없는 것일까?

죽음의 유용성

1881년 다윈주의 생물학자인 아우구스트 바이스만August Weismann은 죽음의 의미에 대해 파고들었다. 그는 용감하게도 죽음이 유용한 이유가 집단에서 쓸모없어지기 시작하는 개인들을 제거하기 때문이라고 주장했다. 마치 결함이 있는 부품을 교체하는 것처럼, '해골할멈'이 힘 빠진 사람들을 제거하고 능력이 뛰어난 새로운 구성원을 위한 공간을 마련함으로써 종을 최상의 상태로 유지하는 일을 담당했다는 것이다.

그의 논문에 따르면, 자연 선택은 종의 이익을 위해 '계획된 죽음'과 같은 자기 제거를 선호했다. 그러나 우리는 개인의 죽음이 '유용하다'는 이 해석을, 집단의 이익을 위해 상황에 따라 병사들을 희생시키는 것쯤으로 받아들인다. 하

불완전한 인간

지만 자연 선택이 종의 구성원들에게 불리한 전략을 선택할 거라는 생각은 좀처럼 받아들이기 어렵다. 마치 자기 집 지붕에 돌을 던지는 짓이나 마찬가지이기 때문이다.

기계와 달리 살아 있는 생물의 세포와 조직은 재생과 수리 능력이 있다. 상처 봉합으로 생긴 흉터부터 골절을 복구하는 애벌뼈* 또는 달마다 일어나는 피부 세포 재생까지 우리 몸을 유지하는 메커니즘의 레퍼토리는 광범위하다. 따라서 원칙적으로 보면 '그것을 고치는' 대신, 쇠퇴하기 시작하는 개체를 다른 최신 개체로 대체하려는 전략은 꽤 낭비처럼 보인다. 왜 자연은 고칠 수 있는데도 완전히 새로운 개체를 만들려고 하는 걸까? 또 왜 시간이 지나면서 우리 몸은 손상되는 걸까? 그 대답은 간단하지 않다. 우선 우리 몸은 놀라운 일을 할 수 있지만 자가 회복 능력에는 분명 한계가 있다. 잘 알다시피 도마뱀의 꼬리는 잘려도 다시 자라지만, 불행히도 인간의 손가락은 잘리면 다시 자라지 않는다.

생물학자인 조지 윌리엄스George C. Williams는 1957년에 발표한 흥미로운 논문[1]에서 많은 것을 이해할 수 있도록 빛을 비춰주었다. 그는 자연 선택이 개인의 노화를 유발하는 유전자를 선호하려면, 첫 번째로 그런 해로운 영향을 상

---

*   부러진 뼛조각 주위에 새로 생성되는 조직으로 생리적 복구를 위한 골수와 골피질을 포함한다.

1   「다면발현, 자연 선택 그리고 노화의 진화(Pleiotropy, Natural Selection, and the Evolution of Senescence)」

쇄할 만한 역방향의 다른 힘이 있어야 한다고 주장했다. 자연 선택은 생의 여러 단계에서 효과가 다른 유전자들의 보존을 선호했을 수 있다. 따라서 어린 동물에게는 유익하지만 성체가 되면 대가를 치러야 하는 유전자들이 긍정적으로 선택되었을 수 있다. 이제 '다면발현성Pleiotropic' 유전자, 즉 두 개 이상의 형질 발현에 관여하는 유전자에 관해 이야기해보자. 다면발현성 측면에서 노쇠를 설명하자면, 노년기의 일부 질병은 생존을 위해 복용해야 하는 약물의 부작용 또는 더 큰 이익을 위해 감수해야 하는 위험과 같다고 할 수 있다. 자연 선택은 젊을 때는 활력을 극대화하는 유전자 보존을 선호하지만, 노년기에는 이런 유전자들의 효과 때문에 활력이 감소한다.

다면발현성 사례는 수없이 많다. 과도한 철분 흡수로 발생하는 유전병인 혈색소침착증도 그중 하나가 될 수 있다. 나이가 들면서 철분은 침전물 형태로 축적되는데, 그 결과 간과 췌장 또는 심장과 같은 기관의 기능이 심각하게 떨어질 수 있다. 혈색소침착증 환자는 동형접합체[Homozygote, 두 개의 같은 대립유전자(예: RR 또는 rr)를 가지고 있는 개별 유기체] 보유자다. 즉 이 질병이 발현되려면 부모로부터 돌연변이를 물려받아야 한다. 그러나 인구 중 10퍼센트의 유전자는 이형접합체[Heterozygote, 서로 다른 대립유전자(예: Rr)를 가지고 있는 개별 유기체]인 것으로 밝혀졌다. 즉 염색체 중 하나만 돌연변이다. 그럴 때 이 질병이 나타나지는 않지만 철분 흡수율이 정상보다 약간 높을 수는 있다. 평균보다 더 많은 철분을 흡수하는 것은 철분 결핍성 빈혈이 있는 사람이나 생리량이 많은 여성의 경우 등 특별한 상황의 사람에게는 도움이 될 수 있다. 특히 산모와 태아 모두에게 충분한 헤모글로빈을 생성하기 위해 필요한 철분 요구량이 증가하는 임산부에게 도움이 된다. 혈색소침착증은 매우 심각하고 심지어 치명적일 수도 있지만, 자연 선택은 아마도 그것이 다른 생의 단계에 끼치는 이점 때문에 그 원인이 되는 돌연변이를 제거하지 못했을 것이다.

또 다른 예로는 신경퇴행성 질환이 있다. 이 증상은 개인이나 가족 또는 사회에 좋지 않은 영향을 끼치지만, 집단의 번식 성공에 직접적인 영향을 주지는 않는다. 보통 이 질병은 환자가 더는 아이를 가질 수 없을 때 시작되기 때문이다. 따라서 이것의 부정적 영향은 자연 선택의 과녁에서 제외된다. 그런데도 신경퇴행성 질환의 유병률이 높은 이유는 무엇일까? 조지 윌리엄스가 가정한 것처럼, 정말 이런 질병의 출현을 선호하는 어떤 반대 방향의 힘이 있는 걸까? 아직은 신경퇴행성 질환에 관한 기초 연구가 더 많이 필요하다. 하지만 다윈주의적 접근 방식은 생의 여러 시기에 긍정적 또는 부정적 영향의 연관성을 개략적으로 설명하는데 도움이 된다. 그중 하나가 우리 종의 두뇌 크기와 두뇌의 복잡성 증가 사이의 연관성이다. 이어서 살펴보도록 하자.

휴전하기 위한 대가들

호모 사피엔스는 크고 독특한 모양의 뇌를 가지고 있는데, 이는 네안데르탈인의 큰 뇌와 구별되는 특징이다. 우리 머리는 높게 솟아 있고 상단(우리가 머리에 손을 얹을 때 만져지는 부분)이 둥글며 모서리는 불룩하다. 이것을 '두정골 팽창'이라고 한다. 이는 호모 사피엔스의 뇌에서 두정엽이 과잉 발달했음을 보여준다. 이 부분은 '작업 기억Working memory'에 중요한 역할을 한다. 작업 기억은 읽기나 학습 같은 작업 실행에 관여한다. 즉 방금 받은 정보(예컨대 두 단락 전에 들은 내용)를 단기간에 저장하고, 계속 받는 정보(지금 읽는 내용)와 연결한다. 이런 유형의 기억은 추론과 논리 및 복잡한 사고를 구성하는 기본이 된다. 이 능력이 우리 종에게 주는 이점을 의심할 사람은 아무도 없을 것이다.

하지만 두정엽이 커지면서 뇌의 신진대사와 체온 조절에 필수적인 매우 가는 모세혈관에는 더 조밀하고 정교한 혈관 순환 시스템이 필요해졌다. 이런 추론에 따라, 스페인 부르고스에 있는 국립인간진화연구센터CENIEH의 고신경생물학자인 에밀리아노 브루너Emiliano Bruner와 독일 율리히에 있는 독일 신경과학연구소의 신경정신과 의사 하이디 제이콥스Heidi Jacobs는 호모 사피엔스가 뛰어난 인지 능력을 얻은 결과, 뇌의 대사 결함 발생과 신경퇴행성 질병에 더 취약해졌다는 결론을 내렸다. 이것은 비용-이점 측면에서 노쇠의 적절한 예가 될 수 있다. 뇌는 가장 강력하지만, 동시에 가장 손상되기 쉬운 조직인 셈이다. 하지만 이것이 이에 대한 유일한 증거는 아니다.

영국 에든버러 대학의 다니엘 건 무어Danièlle Gunn-Moore가 이끄는 연구팀은 제2형 당뇨병과 수명 및 알츠하이머병 사이의 분자회합Molecular association*을 증명했다. 이들의 서로 다른 이런 기질적 증상들 사이의 연관성이 터무니없어 보일 수도 있지만, 이것은 다면발현성과 노화 현상의 가장 흥미로운 예 중 하나다. 즉 어떻게 같은 종, 같은 유전자나 유전자군에서 이점(장수)과 부작용(알츠하이머 및 당뇨병 발생 경향)이 한꺼번에 나타날 수 있는지를 설명한다. 어떻게 이런 일이 가능할까?

우리가 잘 알고 있는 당뇨병은 혈액 내 포도당(당) 수치를 조절하는 메커니즘이 변형된 상태를 뜻한다. 몸은 인슐린이라는 호르몬을 통해 혈당 수치를 조절한다. 혈당 수치가 과도하게 높으면 인슐린은 혈액 속의 혈당을 제거하기 위해 경찰처럼 출동해서 세포가 혈당을 흡수하게 만든다. 그런데 제1형 당뇨병인 경우에는 체내에서 충분한 인슐린을 생산하지 못하고, 제2형 당뇨병의 경우 세포가 인슐린 효과에 제대로 반응하지 않는 것이다.** 당뇨병에서 발

---

    *   같은 물질의 분자 여러 개가 서로 결합하여 하나의 분자처럼 움직이는 현상
   **   이를 보통 '인슐린 저항성'이 있다고 말한다.

생하는 것처럼 과도한 혈당 수치는 아밀로이드 베타(Aβ 또는 Aβ타)라는 단백질 수치 상승과 관련된 것으로 밝혀졌다. 그리고 이렇게 과잉된 단백질은 뇌에 쌓이는 플라크에 축적되어 뉴런 사이의 연결을 막고 퇴화를 일으킨다. 그래서 이 플라크는 특히 알츠하이머 환자의 뇌에서 보이는 독특한 특징이다. 이것은 우리 사회에서 유병률과 이환율(어떤 일정한 기간 내에 발생한 환자 수를 인구당 비율로 나타낸 것)이 높은 두 가지 질병인 당뇨병과 알츠하이머병을 연결할 수 있는 메커니즘 중 하나이다. 이처럼 '한 번에 두 가지' 경우가 발생한다면 이런 의문이 들 것이다. 만일 하나를 제거함으로써 또 다른 하나가 고통 받을 가능성이 줄어든다면 왜 자연 선택은 그것들을 제거하지 않은 걸까?

물론 인슐린의 가장 중요한 기능은 과도한 혈당(또는 고혈당증)을 막는 것이지만, 이 호르몬은 다른 많은 세포 과정에도 영향을 미친다. 구체적으로 살펴보면 인슐린은 '인슐린 유사 성장인자Insuline-like growth factor, IGF'라고 불리는 호르몬과 분자 구조가 매우 유사하다. 이런 성장 인자는 예를 들어 세포 조절과 '세포자연사(Apoptosis, 세포예정사)' 또는 '조직 노화(혹은 산화 스트레스*)'에 대한 저항과 같은 여러 대사 과정에서 작용한다. 이들의 유사성을 고려하면, 인

---

*   활성산소 과잉이나 체내 활성산소 제거 능력 감소로 활성산소량이 지나치게 증가해 문제들을 유발하는 상태.

슐린과 성장 인자 효과들은 겹치는 게 많아서 인슐린 신호 전달의 변화는 다른 세포 과정에 영향을 미칠 수 있다. 생쥐와 파리, 벌레들을 대상으로 한 다양한 실험 연구에서 제2형 당뇨병에서 발생하는 것과 같은 인슐린 반응 감소와 수명 증가 사이의 관계가 밝혀졌다. 역으로 말하자면, 전체적으로 인슐린 신호 및 생성 체계가 효과적으로 기능하면 당뇨병과 알츠하이머병의 위험으로부터 보호받지만 수명은 단축된다고 할 수 있다.

알츠하이머는 보통 인간에게 나타나는 증상이지만(적어도 나머지 동물계에서는 드물다) 다니엘 건 무어는 처음으로 다른 동물인 돌고래의 뇌에서 아밀로이드 플라크를 발견했다. 돌고래 역시 당뇨병 전단계 상태가 발생한 것이다. 흥미롭게도 돌고래는 인간처럼 장수하고, 특히 폐경 후에 매우 오래 사는 동물이다. 과연 이 유사함이 우연의 일치일까? 아마도 아닐 것이다.

그의 연구팀 주장에 따르면, 인간종은 진화 역사의 어느 시점에 당뇨병과 알츠하이머병에 걸리기 쉬운 돌연변이를 얻었지만, 동시에 훨씬 더 오래 살 수 있게 되었다. 따라서 이런 질병들은 노화와 뇌 기능 퇴화, 당 대사[Sugar metabolism, 에너지원으로 포도당을 이용하는 대사 과정을 통틀어 이르는 말]로 인한 손상이라기보다는 우리 종의 수명 연장을 위해 자연 선택이 만든 장수의 결과다.

인슐린 신호 메커니즘은 다른 성장 인자와의 효과와

경로를 공유하므로 종의 수명 한계를 결정할 수 있다. 그렇다면 아주 흔하게 나타나는 이 질병들을 그저 자연 선택의 과녁에서 벗어나 불완전하게 남아 있는 것으로만 해석할 수는 없을 것이다. 오히려 더 큰 이점을 위해 특별히 선택된 유전자들의 다면발현성 효과로 이해해야 한다. 수명이 긴 종인 인간과 돌고래는 장수에는 유리하지만, 동시에 신경퇴행성 질환과 당뇨병에 걸리기 쉽다는 사실은 유전자 다면발현성 효과에 관한 좋은 예가 될 수 있다. 따라서 진화론적 관점에서 볼 때, 일부 질병은 더 큰 이익을 얻기 위해 기꺼이 대가를 치르는 우리 몸의 타협적 해결책이라고 볼 수 있다. 우리는 알츠하이머병과 당뇨병을 앓는다. 하지만 그것은 우리가 죽음이라는 낫을 들고 있는 '해골할멈'과 휴전하기 위한 대가인 셈이다.

앞으로 이 책에서 다면발현성의 많은 예를 살펴보겠지만, 우리에게 일어나는 모든 일을 그 용어로 설명할 수는 없다. 노화를 일으키는 유전자에 항상 유익한 효과가 있는 건 아니기 때문이다. 우리는 우리에게 벌어지는 모든 일에 대해 정당성을 찾으려는 유혹에 시달린다. 하지만 인간에게 일어나는 일, 특히 안 좋은 일에 위안을 주는 달콤한 이야기를 너무 쉽게 믿지 말아야 한다. 물론 그것이 우리의 건강을 회복시켜주지는 못하더라도, 병에 걸리는 이유를 이해함으로 위안받을 수 있다는 점은 부정할 수 없다. 나이가 들면서 생기는 질병 중 일부가 활기찬 젊음을 즐기기 위해 치러야 할 대가라는 것을 안다면, 질병을 좀 더 기분 좋게 받아들이는 데 도움이 될 것이다. 하지만 여기에는 중요하고 실용적인 측면도 있다. 우리가 '불가피하다'고 생각하는 문제의 기본 원리를 이해하는 것은 의학적 관점에서 문제를 예측하는 데 도움이 될 수 있다. 유엔의 추산에 따르면, 향후 10년간 60세 이상의 인구는 46퍼센트 증가할 것이다. 2018년에는 역사상 처음으로 65세 이상 인구가 5세 이하 어린이 수를 넘어섰다. 오늘날 유럽은 평균 수명이 42.5살로 가장 장수하는 대륙이다.

다윈의 접근 방식을 통해 우리는 다양한 질병들을 공통적으로 설명할 수 있는 메커니즘을 확인할 수 있다. 따라서 이제 그 어느 때보다도 공통적인 과정을 이해하고, 겉보기엔 다르고 독립적인 것처럼 보이지만 실제로는 서로 연결되어 있어서 동시에 해결하거나, 또는 하나를 통해 다른 하나를 해결할 수 있는 질병의 뿌리를 찾는 게 중요하다. 물론 우리가 영원히 살 수는 없지만, 나이의 공격에 굴복하지 않고 더 오래 더 잘 살 수는 있다. 이런 진화적 이해는 자주 왜곡되는 현실에 영향을 미치고, 노년기를 대하는 우리의 방식을 변화시킨다. 중요한 생의 단계인 노년기는 그저 질병으로 대표되는 세대가 아니다.

사람은 '늙어서 죽는 게' 아니다. 나이 드는 것을 '치료'할 수는 없다. 많은 사람들이 심장마비와 질식, 발작 또는 감염으로 죽는다. 인식하고 구별하며 경계를 정하는 과정의 오작동 확률이 증가하기 때문에 죽는 것이다. 이런 오작동은 언제나 원상태로 복구되거나 통제될 수 없으며 갈수록 회복 능력도 떨어진다. 하지만 많은 경우 이런 결함은 식별할 수 있고 예방이나 치료도 가능하다. 어쨌든 사람은 '늙어서 죽는 게 아니다.'

바짝 뒤쫓는 죽음과 함께

90세 노파인 맘Mam은 간신히 죽음을 모면했다. 늘 단단하게 잠긴 문 뒤에 갇혀 살아왔기 때문이다. 그녀는 삼중 자물쇠와 이중 빗장을 문에 걸고, 빈틈은 파리 잡는 끈끈한 종이로, 셔터는 거미줄로, 굴뚝은 걸레로 집을 단단히 막았다. 조금의 빈틈도 없었다.

집안의 오래된 세균들은 이미 오래전에 싸움을 포기하고 잠들었을 것이다. 신문에 나온 새로운 소식들에 따르면, 매주 또는 열흘마다 새로운 이름을 가진 세균들이 전국을 돌아다닌다. 하지만 이런 세균들은 이 집의 모든 문과 창문에 있는 이끼와 독초, 검은 담배, 피마자 씨 냄새를 통과할 수 없었다. (…) 노파의 일은 기다리는 것이었다.

그러던 어느 날 그녀에게 예상치 못한 손님이 찾아왔

불완전한 인간

다. 한 젊은이가 그녀가 열여덟 살이 되던 첫날과 그 밤이 담긴 병을 그녀에게 팔려고 온 것이다. 그 병에 담긴 음료 한 잔이면 어쩌면 그녀는 인생에서 가장 행복하다고 할 수 있는 24시간을 되살리고, 남은 삶은 처녀로 돌아갈 수 있을 것이다. 그러자 그동안 문을 두드린 많은 죽음의 위협에도 간신히 죽음을 피했던 그녀는 동요하기 시작한다. 이 이야 기는 『화성연대기The Martian Chronicles』와 『화씨 451Fahrenheit 451』 등을 쓴 위대한 작가 레이 브래드버리Ray Bradbury 의 작품 『죽음과 처녀Death and the Maiden』의 줄거리다. 그녀 는 마을에서 누구보다 오래 살았지만 정말 살아 있는지는 의문이었다.

"왜 너는 그렇게 오래전에 이 집에 숨었어?"
"기억이 안 나. 아, 난다. 두려웠어."
"두려웠어?"
"이상하지. 나는 내 삶의 반년 동안 다른 나머지 반년을 두 려워했어. 죽음에 대한 두려움. 내게는 늘 뭔가에 대한 두 려움이 있어."

여기서는 노파 맘이 그 문을 열었는지 아닌지 공개하 지 않을 것이다. 이 수수께끼를 풀기 위해 브래드버리에게 다가가는 것은 독자의 몫으로 남겨두겠다. 어쨌든 노파 맘 의 삶은 죽음의 공포에 지배당했다. 그녀는 "검은 옷을 입고, 희고 창백한 얼굴을 한" 사람에게 감시와 스토킹, 괴롭힘을 당하며 바짝 뒤쫓는 죽음 때문에 고통받으며 살았다.

어떤 독자는 내가 처음 던졌던 질문, 우리의 삶이 영원하지 않다는 사실을 아는 것이 진화론적으로 의미가 있는지에 관한 그 질문에 아직 대답하지 않았다고 비난할지도 모르겠다. 하지만 조금만 더 기다려주길 바란다. 이 책에서 우리는 이 간단하지 않은 문제에 접근하는 데 도움이 될 만한 몇 가지 주제를 살펴볼 것이다. 반짝이는 것이 모두 금은 아니지만, 그렇다고 그것이 석탄도 아니다. 잠시, 여러분이 노파 맘이라면 문밖에서 누가 부르는지 아는 상황에서, 다시 젊음을 되찾기 위해 문을 열어줄지 아니면 창문 셔터를 내릴지에 대해 생각해보길 바란다. 그리고 그 대가의 이해득실을 곰곰이 따져보길 바란다.

불완전한 인간

2

삶의 법칙

늙음에 대하여

죽는 것이 곧 삶의 법칙이라는, 역설적인 이 표현은 늘 내 관심을 끈다. 이 말은 미국의 소설가 잭 런던Jack London이 노인 코스쿠시의 마지막 시간을 담은 단편(「생의 법칙The Law of Life」)의 제목이기도 하다. 그 작품은 한 유목민 부족의 나이 든 족장의 이야기로, 능력과 이동성이 점차 떨어진 이들은 부족에 부담이 되는 노인을 버리는 규칙이 있었다. 불을 피워서 따뜻하게 해주고 죽을 때까지 태울 수 있도록 곁에 충분한 장작을 쌓아둔 채로 노인을 버리는 장면은 매우 인상적이다. 그들의 신념과 엄숙함이 인상적인 건지, 아니면 노인 코스쿠시가 자신의 운명을 받아들이며 체념하는 게 인상적인지는 잘 모르겠다.

그는 불평하지 않았다. 그것이 삶이었고, 공평해 보였기 때문이다. 그는 대지와 함께 태어났고, 대지와 함께 살았다. 그리고 그 법칙을 그도 잘 알고 있었다. 대지 어머니의 모든 자녀에게 그 법은 똑같이 적용되었기 때문이다. 자연은 생명체에게 그다지 친절하지 않았다. 그것은 개인에는 관심이 없었다. 그저 그 종에만 관심이 있었을 뿐.

나이 든 코스쿠시는 자신이 이제 한 개인으로서는 아무런 가치가 없다고 확신한다. 그는 우리가 자연계라는 좁은 무대 위에서 움직이는 배우이자, 대자연이 임무를 수행할 때 없어도 되는 병사라고 생각한다. 이전 장에서 살펴본 아우구스트 바이스만의 의견에 따르면, 죽음은 제품(개체)의 유효기간이 만료될 때 신품으로 대체하기 위해 존재한다. 과연 이것이 삶의 법칙일까? 이 이야기를 계속 들어보자.

자연은 개인에게 임무를 주었다. 그리고 만일 그 임무를 다하지 않으면 죽어야 했다. 하지만 임무를 다해도 결과는 마찬가지였다. 역시 죽어야 했다. 그 법칙이 지속될 뿐, 그 법칙을 따르던 사람들이 지속되는 건 아니다. 그들은 중요하지 않았다. 그들은 그저 별것 아닌 사건에 불과했다. 자연은 삶에 임무를 부여했고, 법칙을 선언했다. 지속되는 임무와 죽음의 법칙을.

내가 앞서 말한 '목적'과 '유효기간'이 무엇인지 더 깊게

불완전한 인간

파고들지 않더라도, 여러분은 이 생명에 대한 해석에 '자연의 섭리를 거스르는' 무언가가 있다는 내 생각에 동의할 것이다. 우리가 너무 감성적이기 때문일까? 자연의 냉정한 계획에 복종하는 코스쿠시를 받아들이지 못하는 건 윤리적이거나 종교적인 이유 때문일까? 생물학에서는 이에 관해 뭐라고 말할까? 진화론적 분석이 이 중요한 질문을 이해하는 데 도움이 될까? 이 주제가 다소 우울할 수도 있다는 건 나도 인정하지만, 결론에 도달할 때까지 절대 책(적어도 이 장은!)을 덮지 말기를 바란다.

우선 인간의 '유효기간'이 무엇인지를 분석해보자. 만일 우리에게 유효기간이 있다면, 좀 더 물질주의적인 관점에서 이와 유사한 인간의 '유효 수명Useful life'이 무엇인지를 살펴보자. 유효 수명이란 하나의 '사물'(이 경우에는 인간)이 가지고 있는 기능을 제대로 수행할 수 있는 예상 기간을 말한다. 만일 생물학적 관점에 초점을 맞춰 코스쿠시의 상황을 분석한다면 우리는 우리 종의 영속에 이바지하는 한 유용한 존재가 된다. 좀 더 엄밀히 말하자면, 우리는 생식 활동이 중단되면 거의 쓸모없는 존재가 된다고 볼 수 있다. 하지만 이런 전제 속에서 계속 살펴보면 인간은 명백한 역설로 가득한 존재임을 깨닫게 된다.

할머니 가설

인간은 이례적으로 장수하는 종이다. 동물계에서 인간과 가장 가까운 친척인 대형 영장류와 비교해도 훨씬 더 오래 산다. 우리의 기대 수명은 침팬지와 오랑우탄, 고릴라의 기대 수명보다 수십 년 이상 길다. 호모 사피엔스는 85세까지 살 수 있지만, 침팬지는 53세, 고릴라는 54세, 오랑우탄은 58세를 넘지 못한다. 보통은 어떤 종의 수명이 길수록 새끼를 낳을 시간도 더 많기 때문에 장수가 번식 성공에 유리하다고 생각한다. 하지만 인간과 대형 영장류의 수명 주기를 자세히 살펴보면 몇 가지 놀라운 사실을 발견할 수 있다.

인간은 그들보다 더 오래 살지만, 첫 아이를 낳는 나이는 19.5세로 10~15세인 다른 영장류에 비해 상당히 늦다. 그렇다고 그 보상으로 더 늦게까지 자손을 낳을 수 있는 것도 아니다. 그들과 마찬가지로 보통 42~45세 정도에 마지막 자녀를 갖게 된다. 우리는 훨씬 더 오래 사는 종이지만, '자녀를 낳는 데 전념하는 시간'(약 25.5년)은 유인원의 평균 시간(약 29년)보다 짧은 편이다. 요약해봤을 때 우리 종은 정확히 말해서 번식하지 '않는' 기간을 연장함으로써 수명을 늘린 셈이다. 이게 어찌된 일일까? 번식을 최대화하려는 자연 선택이 미쳐버린 걸까?

불완전한 인간

종	수명	첫 번째 자녀를 낳는 나이	마지막 자녀를 낳는 나이
오랑우탄	58.7세	15.6세	41세 초과
고릴라	54세	10세	42세 미만
침팬지	53.4세	13.3세	42세
호모 사피엔스	85세	19.5세	45세

오랑우탄, 고릴라, 침팬지, 인간의 수명 주기

(출처: Robson and Wood (2008))

이전 장에서 노쇠에 관해 이야기하면서 불평하긴 했지만, 사실 인간의 노화 속도는 다른 영장류보다 훨씬 느리다. 예를 들어 35세가 된 침팬지는 이미 뚜렷한 노쇠 징후를 보이는데, 움직임이 둔해지고 근육이 약해지며, 체중도 감소하고, 민첩성까지 떨어지는 등 눈에 띄는 특징을 보인다. 침팬지의 생명 활동과 여러 행동 특징을 연구한 영장류학자인 제인 구달Jane Goodall은 밖으로 드러나는 노쇠 징후를 바탕으로 침팬지가 33세가 되면 곧장 '노인'으로 분류했다. 침팬지는 그때부터 10년 이내에 급격한 노화를 겪는다. 그렇다면 우리 인간은 이렇게나 오래 살면서 괜한 불평을 늘어놓고 있는 걸까? 그것도 침팬지가 부러워할 만한 신체적 조건으로 사는데 말이다. 하지만 자연이 일부러 이것을 허용한 것처럼 보이는 이유는 뭘까? 진화론적 관점으로 보면,

자연 선택이 '노년기'에 무언가를 숨겨놓았을 거라는 의심이 들 수도 있다.

자료들을 분석해보면, 호모 사피엔스가 더 오래 살지만 인간 여성과 대부분의 영장류 종의 가임 기간이 비슷하다는 사실을 확인할 수 있다. 어쨌든 인간의 경우에는 신체(Somatic, 이 단어는 '몸'을 의미하는 그리스어 '소마soma'에서 유래했다)의 노쇠와 생식 기관의 노쇠 사이에 시간 간격이 있다. 다른 동물들은 생식 기관의 노쇠가 점진적으로 일어나고 다른 기관의 퇴행이 동반된다. 하지만 인간은 전체 수명 기간과 전반적인 신체 상태를 고려할 때 생식 기관의 노쇠가 매우 빠르고 갑작스럽게 일어난다. 마치 월경이 끝나는 것은 나이와 연관된 '쇠퇴'와는 별개로 특정 메커니즘들의 영향을 받는 것처럼 보인다.

암컷 포유류는 성숙해지면 난자를 내는 세포인 난모세포의 고정수, 즉 재고량을 가지고 태어난다. 암컷이 배란을 시작하는 순간부터 이 난모세포 저장소는 조금씩 비워지게 된다. 성숙한 난모세포 또는 난자가 배란될 때 수정되면 임신으로 이어지고 그러지 않으면 월경 상태로 배출된다. 그리고 배란 주기가 생기려면 난모세포 저장소가 신경계, 구체적으로는 시상하부-뇌하수체-난소축HPO axis으로 내분비 또는 호르몬 신호를 보내야 한다. 그렇게 난모세포 저장소가 비워지면 이 신호가 약해지고 월경 주기가 멈출 때까지 불규칙해지기 시작한다. 원칙적으로 월경을 하는 모든 종

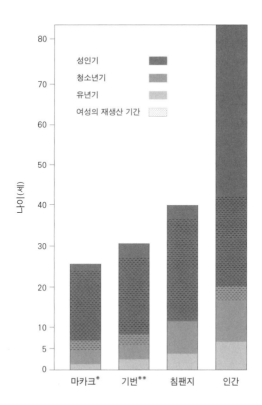

다양한 영장류 종의 삶의 단계

인간이 가장 오래 살지만, 암컷의 가임 기간은 비슷하다. 이는 인간이
재생산 가능 시기가 끝난 이후의 기간이 훨씬 더 길다는 뜻이다.

(참고: Hawkes et al., 2000)

*   영장목 긴꼬리원숭이과 마카크속에 속하는 동물의 총칭
**   포유류 영장목 긴팔원숭이과에 속하는 소형 유인원류의
        총칭

은 충분한 시간을 살고 나면 그것이 끝나는 시기가 온다. 인간의 경우를 제외하고 다른 동물의 생식 기관의 노쇠는 곧 신체적 노쇠를 뜻한다. 참고로 난모세포 저장고가 완전히 비는 것을 겪을 만큼 충분히 오래 사는 종도 매우 드물다. 그리고 다른 동물들과 반대로 인간은 월경이 끝난 후에 놀라운 신체적 활력을 보인다.

이런 특징을 바탕으로 미국 인류학자 제임스 오코넬James O'Connell과 크리스틴 호크스Kristen Hawkes는 일명 '할머니 가설Grandmother Hypothesis'을 내놓았다. 이들은 우리 종의 여성 생식 능력이 비교적 일찍 중단됨으로써 얻을 수 있는 이점을 강조했다. 인간은 출산 시 발생할 수 있는 위험을 안고 계속 더 많은 아이를 낳는 대신, 자녀들뿐만 아니라 손주들을 통한 유전자 전달 가능성을 높이기 위해 이미 태어난 아이의 생존을 지키는 일에 더 큰 노력을 쏟는다는 것이다.

오코넬과 호크스는 이 설명을 이론적으로 발전시켰을 뿐만 아니라, 아프리카에서 가장 상징적인 수렵 채집 부족과 직접 생활한 경험을 통해 모은 광범위한 자료까지 제공했다. 수렵 채집 집단은 지구에 사는 사람들의 90퍼센트 이상을 특징지을 수 있는 생활 방식으로 지금도 살아있는 진정한 잔재이다. 점점 더 줄어들고 있지만 실제로 멸종 위기에 처한 아프리카의 하드자족이나 !쿵족!Kung 같은 부족의 생존 방식은 우리 조상과 유사하다. 이를 통해 플라이스

불완전한 인간

토세[Pleistocene, 약 258만 년 전부터 1만 2,000년 전까지의 지질 시대로, 속칭 빙하기] 동안의 호미니드들의 행동과 농업 및 정착 생활이 사회의 주요 축이 되기 이전의 우리 종에 대해 추론해볼 수 있다. 물론 현재의 수렵 채집 인구와 플라이스토세의 멸종된 인구의 생활 방식이 완전히 똑같을 수는 없겠지만, 그때의 생존 체제에 접근할 수 있는 최고의 살아 있는 예가 될 수 있다.

나는 2018년에 제임스 오코넬을 만났다. 정확히 말하면 부르고스에 있는 국립인류진화연구센터에서 그에게 '할머니 가설'에 관한 강연을 요청하면서 만나게 되었다. 강연 5일 전에 우리는 테네리페섬에서 만났는데 그는 그곳에서 과학 연구 회의에 참여 중이었고, 나는 운좋게도 멋진 테이데 화산El Teide 아래에서 수렵 채집 집단의 지식과 경험을 흡수할 수 있었다.

그렇게 모은 자료들은 인간의 생애주기를 설명하기에 결정적이었다. 수렵 채집 집단에 할머니가 없으면 손주들의 생존율은 최대 40퍼센트까지 줄어들 수도 있다. 더욱이 이 차이는 생애 초기뿐만 아니라 청소년기에도 이어지고 심지어 더 중요해진다. 그 증거는 분명했다. 진화 전반에 걸쳐 집단의 번식에 직접 관여하지는 않지만, 영유아 사망률을 줄이는 데 효과적인 시간을 할애하는 구성원이 있다는 사실은 해당 종에게 엄청난 도움이 되었다. 즉, 자연 선택은 오히려 여성의 조기 출산 중단을 선호했고, 이로 인해 여성들은 집단의 생존과 씨족의 영속에 더 적극적인 역할을 할 수 있었을 것이다. 따라서 우리 종에서 완경은 노화나 퇴화의 징후라기보다는 집단의 성공을 위한 분명한 이점을 가진 적응 전략인 셈이다.

이렇게 할머니들이 다음 세대의 생존에 끼친 영향은 막대했다. 고백하건대 나는 제임스 오코넬이 그것을 설명하는 방식에 빠져들어 갔다. 나는 친가 쪽에서 카나리아제도* 혈통의 4분의 1을 물려받은 덕분에 이 땅에서의 삶 모두를 특히 잘 받아들일 수 있었다. 수세기 동안 원주민들이 살았던 카나리아제도의 멋진 하늘 아래에서 할머니들은 내게 부족의 진정한 파수꾼이자 수호자, 보호자와 같았다.

제임스 오코넬의 설명에 따르면, 하드자와 같은 부족에서 할머니는 주로 두 가지 방법으로 딸을 돕는다. 먼저 그녀들은 모은 식량을 적극적으로 나눔으로써 집단의 식량 부족 해소를 돕는다. 또한 손주들을 양육하고 돌보고 먹이며, 교육하고 생존에 도움이 되는 많은 일(예를 들어 스스로 식량 구하기)을 가르친다. 이런 보살핌 덕분에 이들 집단의 손주들은 비교적 빨리 젖을 뗄 수 있다. 수유가 끝난 아이들은 어머니에게 덜 의존하게 되고, '자유로워진' 어머니는 또 다른 생산적인 일을 하거나 새로운 아이를 가질 수 있게 된다. 이런 사실을 확인하자고 굳이 하드자 부족을 찾아갈 필

---

* 에스파냐령 화산제도로 이곳에 테네리페섬이 있다.

불완전한 인간

요는 없다. 우리 어머니들만 떠올려봐도 바로 알 수 있기 때문이다. 아니면 우리 할머니를 생각해보자. 물론 증조모를 떠올려도 된다. 그 보호의 힘이 우리 모두에게 익숙하지 않은가? 할머니의 이런 중요한 역할은 농촌부터 도시 생활 방식에 이르기까지 시간이 흘러도 모든 경제적, 사회적 상황에서 그대로 유지되었다. 그 방식은 변했지만 한 집단의 버팀목 같은 핵심 역할은 여전히 중요하다.

생물학적으로 볼 때, 긴 '노년기'는 영아 사망 위험이 크고 청소년기에서도 계속 어른을 의지하는 인간 종을 어려움에서 건져주기 위해 자연 선택이 선호한 성공적 전략의 결과인 셈이다. 다시 말해 우리 조부모님들은 우리 종의 성공을 돕는 일에 큰 도움을 주며, 그 가치는 매우 크다. 그래서 진화는 한 개인이 서로 의존적인 집단에서 장수하는 것을 선호했다. 이는 그저 느낌이 아니라 생물학적 자료로도 증명된 사실이다. 무리에서 할머니의 중요한 기여는 오늘날 할아버지까지 확장되었는데, 이것은 호미니드들의 혈통 내에서 호모 사피엔스의 특징 중 하나다.

다른 장에서도 이야기하겠지만, 유년기와 청소년기의 긴 기간 — 청소년 자녀를 둔 몇몇 부모는 필사적으로 외칠 것이다. 끝이 보이지 않는 기간이라고! — 과 이 단계의 취약성과 미성숙함을 피할 수 있는 사람은 아무도 없다. 호모 사피엔스는 다른 어떤 동물 종보다도 의존 기간이 길다.

자연 선택은 우리가 번식 가능한 성숙에 도달하기 전의 가장 중요한 기간에 우리를 연약한 상태로 더 오래 있게 만든 것 같다.

하지만 여기에 장수의 핵심이 있다. 즉 우리는 다른 사람들에게 더 오래 필요한 존재가 된다. 인간은 태아 때부터 시작해서 의존 기간이 놀라울 정도로 길다. 따라서 가장 어린 자녀가 독립적이거나 자율적인 존재가 될 때까지는 어떤 부모도 생식 후[post-reproductive, 더는 자녀를 낳을 것으로 기대할 수 없는 나이를 지나서 생존하는 기간] 기간으로 볼 수 없다. 그리고 우리 종에게 이런 시기는 매우 늦게 찾아온다. 생식 후 기간은 불임과 함께 나타나는 것이 아니라 적어도 그 후 10년이 지나서야 나타나는 것이다. 시간이 훨씬 더 지나야 우리는 자녀들이(우리가) 진정으로 독립할 때가 되었다고 말할 수 있다. 이 시기에 대해서는 자신이 몇 살부터 부모나 조부모가 필요하지 않은지 또는 자녀가 보호자 없이 자신을 지킬 수 있는지를 생각해보면 알 수 있을 것이다.

우리는 '유효 수명'이라는 개념을 사람에게 별로 적용하고 싶어 하지 않지만, 이 기간은 자녀들이 우리를 그리고 우리가 부모를 필요로 하는 만큼 길어진다. 만일 유효 수명이 단지 생식 활동이 가능한 기간을 의미한다면, 인간의 수명은 생식에 기여할 수 있는 시간에 비해 매우 길다. 자손을 돌보는 모든 개체는 자기 유전자를 유지하려는 쪽으로 행동하기 때문에 나이에 상관없이 번식 개체군Breeding population*에 속한다고 볼 수 있다. 우리 사회 구조와 생활 방식은 인간이 아주 일찍부터 늦게까지 서로를 필요로 한다는 사실을 바탕으로 하며, 이것은 결함이 아니라 우리 힘의 기반이다.

문어, 개미, 초유기체

나는 최근에 TV에서 한 남자와 문어의 우정을 다룬 다큐멘터리를 보았다. 피파 에리치Pippa Ehrlich와 제임스 리드James Reed 감독의 〈나의 문어 선생님My Octopus Teacher〉인데, 깊은 바다에 사는 이 두족류의 삶과 생태계를 다룬 특별한 다큐멘터리다. 나는 여기에서 특히 문어와 잠수부 사이의 공감과 수용성, 상호작용에 놀랐다. 문어가 개처럼 인간의 놀이에 반응할 수 있으리라고는 상상도 못했기 때문이다. 평소에 문어 요리를 즐기는 사람들은 웬만하면 그 영화를 보지 말길 바란다(어느 갈리시아** 출신 여성이 한 말이다). 보고 나면 지금까지 가장 좋아하는 음식 중 하나였던 문어를 적어도 한동안은 먹기 어려울 위험이 있기 때문이다. 아무튼 이

---

*   전체 번식주기 또는 그중 주요 부분 동안 지역 내에서 번식하는 개체군
** 스페인에서 해산물이 특별히 유명한 지역으로 문어를 많이 먹는다.

영상에서는 매우 감동적인 장면들이 계속 이어지는데, 문어와 잠수부가 포용하는 순간이 가장 감동적이었다. 과연 포옹보다 인간적이면서도 감동적인 행위가 또 있을까?

하지만 내가 볼 때 이 다큐멘터리에는 단점이 하나 있다. 처음, 특히 몇몇 중요한 순간에, 문어를 지나치게 의인화하는 부분이다. 해설자는 동물들의 행동에 인간적인 특징이 있다고 생각하고, 사람처럼 설명하고 싶은 거부할 수 없는 유혹에 무릎을 꿇고 만다. 특히 암컷 문어가 상어 같은 포식자의 끈질긴 추격으로부터 보호하기 위해 바위 은신처에서 알을 주렁주렁 매달아 놓고 품는 장면이 그렇다. 이 기간은 몇 달이 될 수도 있는데, 그 기간에 암컷은 바위 굴 속에서 꼼짝하지 않고 식음을 전폐한 채 알이 부화할 때까지 곁에서 지키며 닦아주고 보호하고 환기를 시켜준다. 그리고 마침내 임무를 마친 어미는 지쳐 세상을 떠나게 된다. 물론 눈물날 정도로 감동적인 이야기다. 어미 문어는 말 그대로 자신의 마지막 숨결까지 쏟아내 새끼가 살아남을 수 있도록 알에 산소를 공급하기 때문이다. 이런 충격적인 희생 덕분에 어미의 삶의 끝은 곧 수천 마리 새끼의 삶의 시작이 된다. 그리고 이것은 은유가 아니라 사실이다.

하지만 아무리 제작진이 문어의 삶에 감성을 더하려고 해도, 솔직히 나는 그렇게 보이지 않았다. 문어가 호기심 많고 흥미로우며, '심사숙고'하고, 행동 방식도 효율적이지만, 그리 감성적인 동물이 아니라는 걸 잘 알고 있다. 보통 문어

불완전한 인간

는 4만에서 20만 개의 알을 낳을 수 있다. 이렇게 알을 많이 낳는 이유는 새끼의 생존과 관련이 있다. 포식자가 많은 적대적인 환경에서는 알을 많이 낳을수록 더 많은 개체가 살아남을 가능성이 커지기 때문이다. 문어는 보통 한 번에 많은 새끼를 낳고, 그중 일부만 살아남게 하는 'r-전략'을 사용한다. 따라서 그들에게는 양이 중요하다. 물론 많은 개체가 죽겠지만, 그보다 더 많이 낳으면 새로 태어난 문어들이 살아남아 종을 영속시킬 수 있다.

r-전략을 가진 동물은 수명이 짧고 일찍 성숙하며 새끼 양육에 거의(또는 문어처럼 전혀) 관여하지 않는 경우가 많다. 또한 일반적으로 사망률이 매우 높은 종, 즉 번식 기간이나 그 이전에 죽을 확률이 높은 종은 조기 번식을 위해 더 빠른 수명 주기를 발달시키는 편이다. 암컷 문어의 새끼들도 거의 성체 상태로 태어난다. 그래서 태어난 지 몇 달이 채 안 되어 작은 먹이를 사냥하거나 먹히지 않도록 자신을 위장할 수 있다. 이런 말이 끔찍하게 들릴 수도 있겠지만, 그들에게는 부모가 필요 없다.

여러분은 이 전략이, 자손을 더 적게 낳지만 그들의 성공을 위해 실질적으로 많은 시간과 에너지를 투자하는 인간의 전략, 소위 'K-전략'과 정반대라는 것을 이미 눈치챘을 것이다. 보통 K-전략을 사용하는 종은 더 크고, 느리게 성숙하며, 수명이 길다. 따라서 포유류가 일반적으로 K-전략을 채택하는 반면, 많은 어류와 곤충 종은 r-전략을 따른다. 후

자는 생존을 위해 빠르고 많은 번식이라는 카드를 내지만, 전자는 부모의 보살핌이라는 카드를 낸다.

인간의 경우에는 전략 면에서 또 다른 반전이 있다. 바로 '공동 양육'인데, 자녀들을 돌보고 양육하는 데 부모가 아닌 집단의 다른 구성원이 함께 참여하는 것이다. 공동 양육은 가족 관계 너머로 확장되어 보모나 교사 또는 교육자에게 부여하는 책임을 통해 제도화되거나 직업으로 이어진다. 인간 조직의 많은 특징이 개미 조직과 유사한데, 둘 다 진화생물학자인 에드워드 윌슨Edward O. Wilson이 만든 흥미로운 개념인 '진사회성Eusociality'을 따른다.

진사회성이란 개미와 벌, 흰개미과 곤충 같은 특정 곤충 종, 일부 특별한 갑각류, 그리고 인간과 벌거숭이두더지쥐 ― 늙지 않는 동물에 관해 이야기할 때 언급한 ― 같은 아주 소수의 포유류에 존재하는 사회 조직의 한 유형이다. 진사회성을 정의하는 첫 번째 특징은 집짓기다. 이들은 둥지, 야영지, 도시나 산속에 있는 집, 개미집, 벌집, 지하 통로 또는 동굴 입구 대피소 등을 짓는다. 집은 집단이 흩어졌다가 다시 돌아오는 장소로, 새끼가 성인이 될 때까지 보살핌을 받는 곳이다.

진사회성을 정의하는 두 번째 특성은 새끼들에 대한 공동 양육이다. 한 집단의 구성원은 여러 세대에 걸쳐 가장 어린 구성원을 돕고 보호하기 위해 서로 협력한다. 어른들이 집단으로 돌보는 책임을 맡는데, 이들이 꼭 부모나 학교 선생님일 필요는 없다. 꿀벌이나 일개미 조직에서도 마찬가지다. 둥지나 집에서 조부모와 부모 또는 자녀가 2대 이상 함께 산다는 것은 분명 오래 장수한다는 것을 의미한다. 이제 독자 여러분은 조부모나 증조모와 친밀하고 심지어 함께 산다는 것이 동물 세계 안에서 누리는 사치이자 특별한 일임을 깨닫게 될 것이다. 생식 전략(K와 r)에 대한 설명처럼, 고독한 곤충 ── 혹은 문어! ── 처럼 자기 후손과 어떤 관계도 맺지 않는 동물도 많다. 진사회성 동물의 경우, 이 연결 고리는 여러 세대에 걸쳐 확장된다. 여러분에게는 그것이 자연스러워 보일 수도 있지만, 사실은 그렇지 않다. 에드워드 윌슨에 따르면, 지난 4억 년 동안 지구상에서 진화한 수십만 개의 동물 혈통 중 진사회성은 곤충과 해양 갑각류, 땅속에 사는 설치류에게 약 20회 정도 나타났다. 더욱이 전체 진화 생명체에서는 비교적 늦게, 약 2억 년 전부터 1억 5,000만 년 전 사이에 등장했다.

　집짓기와 새끼의 공동 양육과 함께 나타나는 진사회성의 세 번째 특징은 바로 집단 구성원들 사이의 일이나 역할의 분담이다. 사회적인 곤충에게서 생식적 계급제도가 나타나는데, 벌과 개미의 경우 생식적 계급은 여왕이고, 비생식적 계급은 일꾼이다. 물론 인간 중에는 집단이 생물학적 불임으로 결정되는 일은 없다. 하지만 종의 번식에 직접 이바지하지 않더라도 생존과 자녀 양육, 보금자리 보호에 중요한 역할을 하는 생산적인 조직과 직업 및 사람들 사이에 기능 분배는 있다. 예를 들어 우리 사회에서는 의사와 선교사, 교사, 종교인, 소방관 또는 경찰관을 일반적으로 자기희생의 대가를 치르더라도 공동선을 추구하는 개인이나 집단으로 구분한다.

윌슨은 개미 연구에서 영감을 받아 인간 진화에 관한 훌륭하고 방대한 연구들을 남겼다. 그는 개미집을 끝없이 오가는 흔적으로 모두를 매료시킨 이 작은 곤충과 인간 사이의 매혹적인 유사점을 이야기한다. 윌슨에 따르면, 인간과 개미의 사회 조직은 동물 세계에서 가장 복잡한 형태를 띤다. 그 안에서 개체들은 개별이 아닌 전체적으로 기능하는 '초개체(Superorganism, 또는 초유기체)'를 이룬다. 그리고 이들에게는 이타성이 나타난다. 집단의 다른 구성원을 향한 이타적 행동은 해당 집단의 생존에 필수적 요소다.

윌슨은 자연 선택이 다양한 수준으로 작용할 수 있다고 주장하여 과학계에 큰 논란을 불러일으키기도 했다. 그중 하나가 개체에 유익한 유전자 발현이 강화되는 표준적인 자연 선택이고, 다른 하나는 집단 수준에서의 선택이다. 여기서 첫 번째 경우인 자연 선택은 구성원 간의 협력과 상호작용을 의미하는 유전자의 영속을 선호한다. 두 번째 수준에서 자연 선택은 모든 것의 합으로 만들어진 초개체에 작용할 것이다. 협력하고 공유하며 조직된 개체군은 자원을 얻는 데 훨씬 더 효율적이고, 다른 집단과 경쟁할 때 더 강력하다. 이런 식으로 더 이타적인 구성원이 포함된 집단은 더 이기적인 구성원이 포함된 집단보다 경쟁력이 높다. 또한 일반적으로 생존율도 더 높고, 그들과 연대성을 촉진하는 유전자의 영속성도 더 높다. 놀랍게도 윌슨에 따르면, 이 두 가지 유형의 선택 — 만일 두 가지 다른 유형의 선택을 고려한다면 — 은 집단 내에서 공존할 수 있다. 여기에 인간들이 흔하게 고민하는 딜레마가 있다.

우리는 매일 할 일과 하지 말아야 할 일 사이에서 고민하고, 자신의 결정이 다른 사람에게 미칠 수 있는 영향을 끊임없이 고려한다. 또한 자기만 돌봐야 할지, 아니면 타인을 돌봐야 할지를 걱정하면서 양자택일을 하려는 습관도 있다. 안타깝게도 우리에게 어떻게 살아야 하는지 알려주는 설명서는 그 어디에도 없다. 흑백이 분명하게 나뉘어 있지도 않다. 이것이 우리가 개미와 크게 다른 점이다. 개미의 경우, 진화는 개미들의 삶을 훨씬 더 단순하게 만드는 일련의 자동화 — 개미들은 이렇게 표현하는 날 용서해주길 바란다 — 를 선호했다. 하지만 죽음이라는 운명의 배에 올라탄 우리는 각자 노를 받는데, 양자택일 해야 하는 흐름 사이를 항해할 수도 있고 상황에 따라 둘 중 하나에 휩쓸릴 수도 있다. 우리는 다른 사람이 나를 어떻게 생각하는지 잘 아는 동물이며, 다른 사람들이 나의 행동에 대해 내릴 판단에 좌지우지 — 때로는 기진맥진 — 된다. 거기에서 유일하게 아는 분명한 사실은 살아남기 위해서는 집단에 소속되어야 한다는 것이다. 그것이 진사회성을 가진 종으로서 우리 유전자의 위대한 계명이기 때문이다.

하지만 아무리 사회적으로 받아들여져도 '내 것'이라고 생각하는 것에 대한 방어를 소홀히 할 수는 없다. 우리는 늘 두 가지 수준(개인과 집단)의 선택이 주는 긴장감에 시달린다. 자기 이익만을 생각하는 사람은 타인을 돕는 일에 관심이 있는 사람보다 돈을 많이 벌 가능성이 높다. 그리고 집단 안으로 들어갔다고 해도 방심하면 안 된다. 왜냐하면 언제나 위험한 장난이 벌어지기 때문이다. 결국 삶이란 자기 이익과 집단 이익 사이를 오가는 실뜨기와 같다.

다시 다큐멘터리로 돌아가서, 문어의 죽음을 생각해보자. 어미 문어가 몇 달간 굶주리며 알들을 지킨 끝에 드디어 문어 후손들의 삶이 시작되었다. 하지만 앞에서 말한 것처럼 그들의 삶은 그리 감성적이지 않다. 오히려 실용적인 삶에 가깝다. 문어가 자식을 위해 '죽는' 동물이라면 인간은 자식(손주)을 위해 '사는' 동물이다. 그리고 심지어 가까운 사이에서는 다른 사람의 자녀와 손주를 위해 사는 경우도 많다. 우리의 경우, 자연 선택은 서로에게 의존하며 수년 동안 사는 쪽을 선호했다.

고독 없는 백 년

처음 이야기로 돌아가보자. 우리는 늙은 코스쿠시를 홀로 남겨두었다. 그는 자기 운명에 굴복하며, 불꽃이 자신의 삶처럼 사그라질 때까지 모닥불에 장작을 태웠다. 이런 상황을 떠올리면 무슨 생각이 드는가? 과연 그것이 자연의 명령일까?

우리는 아주 일찍부터 아주 나이 들어서까지 서로에게 깊이 의존하는 종이다. 영아기와 유년기에는 취약하고 미성숙하지만, 장기간의 성장을 이룬 덕분에 결국은 더 오래 더 큰 뇌를 발달시킬 수 있었다. 따라서 스펀지처럼 흡수하는 뇌의 학습 단계도 길어졌고, 부모가 아닌 더 많은 개인과 복잡하고 다양한 사회적 관계도 맺게 되었다. 오랜 미성숙 기간의 비용과 혜택 사이의 균형 덕분에 가족 구성원이든 아니든 지역 사회의 다양한 구성원이 어린아이들의 보호와 양육에 참여하도록 촉구했다. 자연 선택은 유아와 청소년 사망률을 줄이기 위한 전략으로 노년기를 선택한 것이다. 조부모님은 우리 삶의 상당 부분에서 죽음과의 싸움에서 이기게 해주는 비장의 카드인 셈이다.

오랜 진화 기간에 조부모가 있다는 사실은 엄청난 이점이다. 효율적으로 시간을 쏟아 도와줄 수 있는 분들 덕분에 우리 자손의 사망률이 줄어들었기 때문이다. 그래서 진화는 더 긴 수명을 선호한다. 이런 지원은 오늘날에도 여전히 중요하다. 많은 경우 조부모가 경제적으로도 가족 부양의 필수적인 버팀목이 된다. 노인들은 자녀를 돌보고 교육하고 성숙하게 하며, 정서적으로도 매우 중요하다. 그래서 우리는 종종 누가 누구에게 의존하고 있는지 잘 생각해보아야 한다. 또한 그들은 생존을 위한 필수 지식을 갖고 있는 살아 있는 창고이기도 하다. 그들을 통해 경험의 보물을 발견하게 된다. 그들은 처음부터 매번 새로 배울 필요가 없게 해주는 우리 세대의 생생한 기억의 보고다. 세대 간 겹치는 시간이 증가한 것은 동물계에서 문화적 풍요로움을 얻기 위한 놀라운 촉매제였다.

따라서 노인을 생물학적, 문화적 부를 얻게 해주는 중요한 존재가 아닌, 무거운 짐으로 치부하는 것은 진화의 역사에 대한 무지를 드러내는 일이다. 노벨문학상을 받은 콜롬비아 작가 가르시아 마르케스García Márquez의 유명한 소설의 제목*을 조금 바꿔서, 호모 사피엔스의 이야기에는 '고독 없는 백 년'이라는 제목을 붙일 수 있겠다. 아니, 붙여야 할 것 같다. 이것은 자연 선택이 우리 역사를 빚어갈 때 만든 중요한 부분이기 때문이다. 오, 친애하는 코스쿠시여, 인간이 생물학과 자연의 섭리를 따른다면 우리 종은 절대 노인들을 뒤로 제쳐두지는 않을 것입니다.

---

* 『백 년 동안의 고독』

불완전한 인간

3

우리 종은 걱정하기 위해 태어났지

두려움과 불안에 대하여

나이가 들어도 자주 악몽을 꾸던 나에게 『두려움 없는 후안 Juan sin miedo』의 주인공은 어린 시절 위대한 영웅이었다. 그림 형제의 원작을 각색한 이 이야기는 두려움을 모르는 소년이 두려움을 찾아 나서는 모험을 담았다. 이 대담한 소년은 용기 덕분에 큰 시험을 통과하고 왕의 호의를 얻은 후 마침내 공주와 결혼까지 하게 된다. 그를 떨게 만든 유일한 사람은 공주였는데, 떨게 된 이유도 두려움이 아닌 물세례, 즉 추위 때문이었다.

모든 동화가 그렇듯 용감한 사람은 두려워하지 않는 사람이 아니라 극복한 사람이라는 — 넬슨 만델라가 한 말이라고 추측되는 — 생각을 우리에게 주입하려는 시도는 항상 존재해왔다. 잠 못 이루던 수많은 밤에 나는 스스로에게 '용기 가상한 위로'를 전하고 또 전했다. 그러면서 '두려움 없는 후안이 되면 얼마나 좋을까' 하고 간절히 바랐다.

어린 시절의 공포를 뒤로하고 다소 냉소적이지만 성숙한 어른의 관점을 갖게 되면서 두려움이 방어적 반응이고, 그런 점에서 유용하다는 사실을 깨달았다. 두려워한다는 것은 위험 신호를 읽고 잠재적 위협에 대비할 수 있다는 뜻이기 때문이다. 그리 유쾌하지는 않지만 두려움의 이점을 쉽게 이해할 수 있게 되었다. 물론 대부분의 사람들은 고통을 원하지 않지만, 다치거나 거절당하거나 실수하는 것에 대한 두려움을 아예 배제하고 사는 것은 너무 어리석은 일이다. 분명 우리 조상인 오스트랄로피테쿠스 중에서도 사자를 피하려고 계속 조심한 자가 벌거벗은 채 초원을 활보하며 포식자에게 노출된 자보다 살아남을 확률이 더 높았을 것이다. 거의 모든 일이 그렇듯, 여기에서도 가장 중요한 건 적절한 균형이다. 이는 신중한 사람을 겁쟁이로, 용감한 사람을 무모한 사람으로 만드는 미세한 선 사이의 균형을 뜻한다.

그렇다면 겁이 많은 사람과 과감한 사람 중 과연 어느 쪽이 더 나을까? 이 어려운 균형을 이해하는 데 가장 적절한 비유는 아마도 화재 감지기일 것이다. 예를 들어 요리하고 있는데 연기가 날 때마다 화재 감지기가 울린다면 고역이다. 하지만 감지기가 너무 민감해서 과하게 울리는 것과 꼭 울려야 하는데 울리지 않는 것 중에 선택해야 한다면 어느 쪽이 더 나을까? 용감한 사람은 보통 더 결단력이 있지만 위험에 더 자주 노출된다. 반면 겁이 많은 사람은 대개 안전하지만 회피하는 경향이 있어서 음식부터 친구에 이르기까지 필요한 것을 얻는 데 더 어려움을 겪는다.

그러나 두려움이 우리의 통제를 벗어날 때, 즉 과도할 때, 그리고 실제로 위험하지 않은 상황이나 대상에게도 두려움을 느낄 때 우리는 그것을 '공포증(Phobia, 포비아)'이라고 부른다. 두려움은 정상적인 적응 반응이지만, 공포증은 이상 증상으로 판단하여 불안 장애로 분류된다.

인간이 공통적으로 두려워하는 것들

전 세계 인구의 약 5~10퍼센트가 특정 형태의 공포증을 겪는다. 흥미롭게도 우리는 각자 다른 부모에게서 태어나지만, 거의 모두 또는 적어도 상당수가 일련의 보편적이고 공통적인 두려움을 갖고 있다. 인간에게 가장 흔한 공포증 중에는 우리가 두려워하는 동물, 특히 거미와 뱀에 대한 공포가 있으며, 상호작용이 필요한 상황에서 엄청난 불안을 느끼는 소위 사회 공포증이 있다. 이밖에 꼼짝달싹 못하는 상황이나 실패 또는 거절에 대한 두려움도 있다.

사회적 두려움이나 남들의 비웃음을 사는 것, 집단에 속하지 못할까 봐 느끼는 공포는 누구나 겪을 수 있는 실질적이고 일상적인 위협이다. 사회적 동물로서 공동체에 속하지 못하는 것보다 더 두려운 상황은 없기 때문이다. 우리 선조들의 삶을 생각해봐도 사회적 배제는 곧 죽음을 뜻했다. 과연 부족의 공급이나 보호 없이 개인이 생존할 수 있었을까? 언제까지 혼자 힘으로 피부를 보호할 동물 가죽이나 식량을 구할 수 있었을까? 혼자 사냥하며 자유롭게 살아가는 것이 지속 가능했을까? 한 남자가 자기 부족과 등을 돌린 상태로 얼마나 버틸 수 있었을까? 어찌어찌해서 자신은 살아남았다고 치자. 그럼 그 자손은 어떻게 되었을까? 아무에게도 사랑받지 못하는 사람이 어떻게 오래 살아남을 수 있겠는가. 고독한 인간의 삶은 오래가지 못하는 것 같다.

이 질문들의 답을 찾겠다고 플라이스토세까지 거슬러 올라갈 필요는 없다. 지금도 인간은 대부분 많은 사람 앞에서 말해야 할 때를 비롯한 다양한 상황에서 어느 정도 불안을 느낀다. 그 불안은 거의 티가 안 나는 수줍음부터 심각한 공황에 이르기까지 정도가 다양하다. 타당한 이유가 있든 없든 우리는 다른 사람과 상호작용할 때마다, 혹은 업무회의나 크게 중요하지 않은 파티에서조차도 남들의 평가를 받고 분석을 당한다고 느낀다. 물론 우리도 다른 사람을 판단할 가능성이 크다. 인간은 그런 습성을 타고났는데, 그것이 사회적 지능Social intelligence*의 핵심이기 때문이다. 앞에

---

* 일상생활에서 자기 및 타인의 감정과 사고 행동을 이해하고, 그것을 바탕으로 적절하게 행동할 수 있는 능력

불완전한 인간

서 인간의 사회 조직 유형(진사회성)을 설명할 때 언급한 에드워드 윌슨의 말처럼, 우리는 다른 사람을 걱정하는 사람들로 이루어진 종이며 거의 강박적으로 다른 사람들의 삶에 관심을 쏟는다. 다른 사람에게 벌어지는 일 또는 그들이 하는 일보다 우리의 관심을 끌거나 걱정하게 하는 건 없다.

우리는 다른 사람의 삶을 살펴보는 일에 무엇보다 많은 시간을 들인다. 험담의 대상이 되는 건 불편한 일이지만, 험담은 타인에게 관심을 보이는 가장 불행한 — 하지만 일상적인 — 방법 중 하나다. 그래도 결론적으로 이것을 사회적 지능이라고 하니 어쩌겠는가. 사실 남의 삶을 자세히 분석하는 것은 곧 우리 자신을 분석하는 것이다. 공감은 다른 사람이라는 거울을 통해 나 자신을 비춰보는 것으로, 나의 아군과 적군이 가질 수 있는 감정들을 계속 조사하는 것이다. 우리는 실제 또는 가상 상황에서 인간관계와 행동의 원인과 결과를 끝없이 분석하고, 미래를 상상하거나 과거를 곱씹어보며 무슨 일이 있었는지 이해하려고 노력한다. 그리고 앞에 있는 사람의 의도를 알아내려고 애쓴다. 우리가 다른 사람에 대해 갖는 인식이나 반대로 다른 사람이 우리에게 갖는 인식이 우리 행동과 결정을 좌우한다. 그러므로 대중에게 노출되었을 때 어느 정도 불안을 느끼는 것은 당연하고, 심지어 유용하기까지 하다. 우리는 그런 상황을 활용하고 있는 셈이기 때문이다.

집단과 가족, 종족, 국가, 축구팀, 길드의 소속감은 인간과 같은 사회적 존재의 가장 강력하고 중요한 본능 중 하나다. 물론 두려움이 누군가에게는 걸림돌이 되기도 하지만, 이것이 자연 선택이 사회적 공포증을 완전히 제거하지 않은 이유다. 우리 삶이 타인의 삶에 미치는 영향을 살피는 이유는 그 행동이 우리의 생존과 사회적 인정, 회사 내에서 가치 있는 존재로 인정받는 데 유리하기 때문이다. 때때로 우리는 남들의 웃음거리가 되거나 실패할 거라는 두려움에 사로잡혀 괴로워한다. 하지만 다시 화재 탐지기를 생각해 보면, 너무 긴장을 풀고 사는 것보다는 조금씩 걱정하며 사는 것이 어쩌면 더 나을지도 모른다.

이렇게 보면 사회적 두려움은 유용하다고 할 수 있다. 하지만… 도대체 거미나 뱀에 대한 두려움은 왜 필요한 걸까?

오늘날은 농촌보다 도시에 거주하는 인구수가 훨씬 많고, 그 불균형은 급속도로 커지고 있다. 이런 생활 방식의 변화로 도시 아파트에서는 거미나 뱀을 처리해야 하는 경우가 거의 없을 뿐 아니라 그런 일이 생겨도 아주 위험한 상황까지 가지 않으리라는 걸 모두가 잘 알고 있다. 하지만 대부분 사람들이 그것들에 대해 과도한 두려움을 가지고 있기에 아무리 차분한 사람이라도 이런 동물들을 만나면 혐오감과 불안을 경험할 수밖에 없다. 그 이유가 무엇일까? 드물게 발생하는 상황이나 아주 위험하지 않은 상황에서 불필요한 경계를 드러내는 것은 무슨 의미일까? 이것은 누구에게 도움이 되는 것일까? 자연 선택은 왜 이 반응을 제거하지 않은 걸까?

라이프치히 막스 플랑크 연구소의 심리학자 스테파니 헬Stefanie Hoehl과 동료들은 이 두려움의 기원을 조사했다. 그들은 생후 6개월 아이들을 대상으로 같은 크기와 색상의 카드에 그려진 꽃과 뱀, 거미, 물고기 그림을 번갈아 보여주는 흥미로운 실험을 했다. 과학자들은 이 그림을 보여줄 때마다 아이들의 동공 확장 정도를 측정했는데, 이는 노르아드레날린계 활성화의 결과 중 하나다. 노르아드레날린(노르에피네프린)은 화학 물질 방출을 통해 신체적 또는 정서적 스트레스에 대한 반응을 조절하는 역할을 한다. 따라서 위험 인식에 대한 반응이나 도피 반응에 관여한다. 이것은 우리 몸에서 다양한 기능을 하는데, 특히 심박수, 혈압, 근육 긴장과 동공 확장을 유발하여 각성 상태에 영향을 준다. 신체의 이런 명령의 목적은 감각을 예민하게 하여 스스로 방어할 수 있도록 준비시키는 것이다. 스테파니 헬은 그 실험에서 동공 확장을 스트레스 반응의 활성화로 해석했다.

그녀와 연구팀은 아이들이 물고기와 꽃을 볼 때보다 뱀과 거미를 볼 때 확실히 더 흥분한다는 사실을 발견했다. 아이들은 아직 이런 동물에 노출된 적이 없었다. 뱀과 거미의 존재와 관련된 위협을 몰랐음에도 생리적으로 스트레스 반응을 보인 것이다. 그래서 연구팀은 실험 분석 후, 인간이 선천적으로 과거 조상들에게 위협이 되었던 요소를 두려워하는 성향을 지니고 태어났다는 결론을 내렸다. 그들에 따르면 진화는 우리가 위험을 인식하기도 전에 무언가를 두려워하도록 준비시키는 유전된(학습되지 않은) 행동인 타고난 방어 메커니즘의 발달을 선호했다. 아르크노포비아[Arachnophobia, 거미 공포증]이나 오피디오포비아[Ophidiophobia, 뱀 공포증]는 자연 속에 사는 인간이 만나는 주요 위협에 대한 오래된 공포증이다. 즉 우리는 기본적으로 치명적 독을 가진 동물이나 질병을 옮기거나 갑작스러운 알레르기 반응을 일으키는 곤충으로부터 도망칠 준비를 하고 태어났다. 진화의 관점에서 볼 때 공포증과 같은 일부 불안 장애는 우리 조상들에게는 결정적인 이점을 제공한 특징의 잔재이다. 예전에 유용했던 두려움에 대한 기억은 지금은 터무니없고 거의 도움이 안 되지만, 그렇다고 그것이 특별히 '불편한' 것도 아니다. 나타나는 경우도 적고, 그 결과도 미미해서 자연 선택의 필터를 피할 수 있었던 것으로 보인다.

삶의 주요 과제 중 하나는 자신을 보호하는 것과 지나치게 걱정하는 삶 사이에서 균형을 찾는 것이다. 하지만 생각해보면 우리는 그 과제를 제대로 수행하지 못하고 있다. 우리 종은 모든 것을 마음대로 통제할 수 있다고 자신만만해하지만, 불안 장애를 겪는 사람들의 수가 상당히 많다. 세계 인구의 3분의 1이 범불안 장애와 공황 발작 그리고 공포증을 겪었거나 겪게 될 것이다. 불안은 우리 시대의 특징이며, 사회적, 문화적, 정치적, 경제적 또는 환경적 변화로 두

　　　　　　　　　불완전한 인간

드러지게 나타나는 현대의 전염병이다. 오늘날 그 발생 빈도수가 꽤 높음에도 불구하고, 지난 10년 또는 100년 동안 불안증의 수가 매우 증가했음을 확인할 수 있는 통계 데이터는 없다. 물론 역추적하거나 표준화된 조사를 할 수 있는 도구가 부족한 것도 사실이다.

우리는 똑똑하다고 자랑하는 종인데 왜 더 나은 삶의 요령을 터득하지 못한 걸까? 아니면 혹시 지나치게 똑똑해서 이런 문제가 생기는 걸까?

똑똑함의 저주

이 장을 그림 형제의 이야기로 시작했다. 이어서 또 다른 고전인 한스 크리스티안 안데르센의 소설을 살펴보자. 이 덴마크의 작가이자 시인은 『미운 오리 새끼』, 『공주와 완두콩』, 『장난감 병정』 외에 『빨간 구두』라는 작품을 썼다. 이 작품은 춤출 때 신는 멋진 빨간 구두에 푹 빠진 소녀 이야기다. 소녀는 어머니가 돌아가신 후 자신을 돌봐준 불쌍한 노부인을 속여 이 구두를 얻었다. 배은망덕에 대한 벌로 구두는 그녀의 삶을 빼앗았고, 소녀는 너무 지쳐서 후회할 때까지 춤을 멈출 수 없었다. 유년 시절에 읽은 이 이야기는 내게 이중성이 없는 욕망은 없으며, 욕망 중 가장 순수한 것조차 그 자체의 형벌을 숨기고 있다는 잔인한 경고로 다가

왔다. 다른 말로 하자면 '뭔가를 바랄 때에는 조심해야 하는데, 왜냐하면 그것이 진짜 이루어질 수 있기 때문이다.'

미국 피처 대학의 심리학자인 루스 카르핀스키Ruth Karpinski가 이끄는 연구팀에 따르면, 지능은 다양한 정신 및 면역 이상을 일으킬 수 있는 위험 요소다. 어떻게 그런 일이 일어날 수 있을까? 우리는 지능지수IQ가 높으면 더 높은 사회경제적 지위, 즉 인생에서 '성공할' 확률이 더 높다는 말을 평생 듣고 살았다. 하지만 이제는 똑똑하다는 것이 그 자체로 저주가 될 수도 있음이 밝혀졌다. 과연 지능이 높은 게 저주일까? 그게 안데르센의 빨간 구두 같은 걸까?

루스 카르핀스키와 연구팀은 지적 과흥분과 생리학적 과흥분의 관계와 관련된 '하이퍼 브레인/하이퍼 바디hyper brain/hyper body' 이론을 정립했다. 그들은 매우 넓은 개인 표본의 IQ를 분석했다. 보통 IQ는 일반 지능의 척도로 간주하며, 그 값은 일련의 표준화된 시험을 통해 얻는다. 분명 지능은 단일 지표로 얻기에는 너무 복잡한 특징이지만, 역사적으로 개인의 지적 능력을 추정해왔고, 어떤 방식으로든 학업이나 업무 성과를 예측하는 데 사용되었다.

연구팀에 따르면, IQ가 높고 두뇌가 과잉 활성화된 사람은 정서 및 불안 장애뿐만 아니라 알레르기나 천식 또는 자가면역질환과 같은 방어 시스템 장애로 고통받을 가능성이 더 컸다. 이를 확인하기 위해 그들은 IQ가 높다고(130 이상의 '상위 영재') 분류된 최대 4,000명과 '정상적인' 지능 수

불완전한 인간

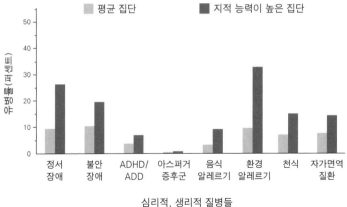

지적 능력이 높은 집단과 평균 집단의 심리적, 생리적 질병 유병률

지적 능력이 높은 집단의 유병률이 훨씬 더 높다.

(출처: Karpinski et al., 2018)

준(나머지)을 가진 대조군에서 나타나는 이런 유형의 질병 빈도수를 비교했다. 결과는 자명했다. 지적 능력이 높은 집단에서 정서 장애(우울증, 양극성 장애 또는 기분 부전증)의 유병률이 대조군보다 최대 17.3퍼센트 더 높았다. 또한 그들의 불안 장애(범불안 장애, 사회 공포증, 강박장애 등)는 평균 인구보다 최대 9.1퍼센트 가량 더 높았다. 그리고 높은 IQ는 주의력결핍 과잉행동장애ADHD나 주의력결핍증ADD, 아스퍼거 증후군ASD도 관련이 있었다.

생리학적 변화에서도 면역 체계의 혼란으로 인한 결과가 두드러지게 나타났다. 특히 고능력 집단에서 알레르기가 22.6퍼센트, 천식이 8퍼센트, 자가면역질환이 6.7퍼센트 더 자주 발생한 것이다. 이 중요한 수치에는 의사의 공식적 진단을 받지 않은 개인, 즉 의심 사례(예를 들어 전문적인 도움을 요청하지 않았지만 우울증으로 간주하는 사람들)는 포함되지 않았기 때문에 실제로 유병률은 더 높을 것으로 추정된다.

어떻게 이런 일이 벌어질 수 있을까? 천식에 대한 민감성과 지능의 연관성은 어디에서 나오는 걸까? 혹은 높은 지능과 정신 질환 경향은 무슨 관계가 있는 걸까? 이것은 학교에서 더 낮은 성적을 받거나 질투심 많은 사람이 지어낸 헛소문일까, 아니면 근거가 있는 말일까?

비정상적이거나 치열하거나

유명한 사람 중에 그들의 천재성이 광기 아니면 적어도 '과흥분성Hyperexcitability'과 관련된 경우를 많이 보았다. 아이작 뉴턴, 알베르트 아인슈타인, 파블로 피카소, 레오나르도 다빈치 등 뛰어난 능력의 소유자들은 비범한 성격과 함께 비정상적인 모습을 보였고, 자주 신경쇠약이나 실존적 위기를 겪었다. 쉽게 말해서 뉴턴, 아인슈타인, 피카소, 다빈치는 '치열한' 사람들이었다.

뉴턴이나 아인슈타인처럼 '하이퍼 브레인Hyper brain' 소유자들은 관심 있는 주제에 끝까지 파고드는데, 강박적일 정도로 생각에 생각을 거듭한다. 그래서 정신적 동요와 극심한 불안을 경험할 수밖에 없다. 종종 우리가 무언가를 걱정하면 친구와 가족은 우리를 위하는 마음에 "너무 생각이 많아", 일에 대해서 "너무 곱씹네" 또는 "온종일 생각에 파묻혀 있네"라고 말하곤 한다. 그런 말은 상황에 따라 맞을 수도 있고 틀릴 수도 있다. 화재 감지기 같은 환경 신호에 주의를 기울이는 사람들은 작은 것 하나도 놓치지 않고 앞서 위협을 예측하며, 해결책을 찾는 데 더 능숙할 것이다. 하지만 과도하거나 지속적인 걱정, 정신적 고조 상태는 그저 끝없는 싸움이나 도주, 경계 상태에 불과하다. 그리고 이는 결국 우리 몸의 시스템과 조직을 망가뜨리고 면역 체계에 다양한 영향을 미치는 일련의 신호를 방출한다. 이것이 루스 카르핀스키와 동료들이 정신적 과흥분을 신체적 과흥분과 연관시키는 방법이다.

참고로 알레르기는 생명 활동과 새로운 환경 노출 사이의 불균형을 의미하기 때문에 별도의 장에서 다루어야 한다. 여기에서는 우리 경계 체계의 활성화가 방어 체계 조절에 영향을 미치고 종종 그 활동을 줄이거나 억제하며, 보호를 약화한다는 사실을 깨닫는 게 중요하다. 또 다른 경우에는 '과도한' 활성화로 인해 알레르기나 자가면역질환을 유발하기도 한다.

오늘날 우리는 신경계와 내분비계(호르몬 관련) 및 면역 체계(방어 관련)가 신경 전달 물질 호르몬(예를 들어 기분에 영향을 미치는 아드레날린, 코르티솔 또는 세로토닌)이나 사이토카인(조직에서 염증 반응을 일으키고 면역 반응에서 중요한 역할을 하는 단백질)과 같은 물질을 통해 항상 연결되어 있음을 알고 있다. 이런 공동 메신저들의 수치 변화는, 세 시스템 중 하나에 유의미한 영향을 미칠 수 있다. 이 병태생리학[Pathophysiology, 병으로 인하여 야기되는 여러 가지 생리적 변화를 연구하는 학문 분야] 메커니즘의 확인은 첫 번째 장에서 소개한 기본 개념인 다면발현성으로 되돌아가게 한다. 즉 같은 유전자 또는 유전자 집합은 하나 이상의 효과를 낼 수 있고, 모두 이로운 것은 아니지만 전체적으로 볼 때는 종에게 유익하다는 것이다.

앞에서 우리는 두려움이 주는 유용함에 대해 알아보았다. 경계 상태가 되면 몸에는 방어를 위한 일련의 변화가 나타난다. 심장박동이 빨라지고 더 많은 혈류가 뇌로 가면서 ── 올바른 결정을 내리는 데 도움이 되기를 바라며 ── 작은 것 하나도 놓치지 않도록 동공이 확장되고 근육도 긴장된다. 그래서 사자가 앞에 있다면 눈에 띄지 않게 즉시 도망가거나 움직임을 줄여 꼼짝하지 않을 수 있게 된다. 시상하부-뇌하수체-부신 축(HPA) 축은 이 반응에서 중요한 역할을 하는데, 몸이 필요하다고 생각할 때 스트레스 호르몬(코르티솔)을 방출한다. 그러나 시상하부-뇌하수체-부신은 아이들에게 뱀 그림을 보여줄 때처럼 위험이 실제인지 아닌지 구별하지 못한다. 단지 명령에 '따르고' 조정하며 돌발적인 반응에 대비할 뿐이다.

시상하부-뇌하수체-부신은 소화, 면역 체계, 감정, 성적 행동 및 에너지 대사와 같은 다양한 신체 과정의 조절에 관여하는데, 이는 화학적 전령Chemical messenger들이 공통으로 작용하기 때문이다. 만일 시상하부-뇌하수체-부신이 만성적으로 '위험 상태'로 활성화되면 우리 몸의 다양한 조직에 변화가 일어날 것이다. 예를 들어 코르티솔 수치가 계속 높으면 신경계 조직에 해롭고, 개인에 따라 우울 증상이 나타나거나 뇌 조직의 노화가 악화할 수 있다. 또한 염증성 사이토카인 수치가 높아지면 폐 조직에서 알레르기 및 천식 반응이 일어날 수도 있다. 사이토카인이 방출되면서 우울증과 불안은 과도한 염증 반응으로 이어져 우리 방어 체계 기능에 영향을 끼칠 수 있다. 혹시 이로 인한 보상이 있는 걸까? 똑똑함이 과대평가된 건 아닐까?

상자 밖에서 생각하기

지능은 '다른 사람보다 더 많이 볼 수 있는' 능력으로 보인다. 말하자면 주변 상황을 깊이 이해하는 능력, 모두에게 즉각적으로 드러나지 않는 현상 앞에서 구성 요소 간의 연결성이나 설명을 찾아내는 능력이다. 지능이 높은 사람은 물리적, 사회적 딜레마와 불확실성을 소화해 자기 것으로 만드는 특별한 능력이 있다. 찰스 다윈의 경우는 불확실성에서 패턴을 추출하고 모든 생명체 사이의 관계를 정립하는 능력과 통찰력을 가진 좋은 예이다. 하지만 모든 사람에게 이런 모습이 나타나는 건 아니다.

과학자가 무언가를 발견할 때 가장 먼저 본 것이 아닐 수 있지만, 그것을 바라보는 '방식'은 처음일 때가 많다. 바로 '유레카!'라고 외치는 때인데, 머릿속에서 여러 사실이 하나로 모이는 순간이다. 마치 어린아이가 점들을 이어 나가다가 드디어 숨겨진 그림을 발견하듯, 이 순간은 지적 발견을 하는 가장 깊고 진정한 즐거움 중 하나다. 갈라파고스 핀치새의 부리 모양과 색깔 차이를 처음 알아낸 사람도 다윈이 아니다. 하지만 그는 모두가 찾을 수 있는 이 현상을 관찰함으로써 과학사에서 가장 아름답고 강력한 이론 중 하나를 정립할 수 있었다. 단 하나의 원리로 전체 동식물 세계에서 가장 매혹적인 다양한 생물 형태의 기원을 집대성한 것이다.

아, 지능! 그것은 우리의 빨간 구두이자 욕망이며 커다란 고통이다. 인간종의 진화 과정에서 지능은 중요한 생존 전략 역할을 했지만, 때때로 회전 속도를 과도하게 올린 엔진과 같다. 인간은 문제를 해결할 준비가 된 정교한 기계를 어깨에 짊어지고 있지만, 이 기계는 너무 훈련이 잘된 나머지 때로는 문제를 먹어야만 작동하는 작은 괴물이 된다. 우리는 온종일 정보를 처리한다. 불확실성과 무한한 가능성으로 가득 찬 세상을 마주할 때, 우리 중에 남들보다 조금

불완전한 인간

더 잘 아는 사람, 선견지명이 있는 사람, 항상 옳지는 않지만 발을 땅에 붙일 수 있도록 도움을 주는 운명론자가 있는 것이 편하다. 사실 문제를 해석하고 처리하는 방식의 이런 가변성은 현대 인류와 네안데르탈인 사이의 주요 차이점 중 하나일 수 있다. 그것 때문에 우리는 유럽 전역에 퍼질 수 있었고, 반면 네안데르탈인은 멸종할 수밖에 없었다.

일반적으로 네안데르탈인은 매우 동질적인 종이다. 그들의 진화가 거의 50만 년에 걸쳐 광대한 유라시아의 서쪽에서 동쪽으로 계속해서 이어졌음에도 불구하고(오늘날 우리는 네안데르탈인이 시베리아에도 존재했음을 알고 있다), 신체적 특징이 매우 두드러졌고, 오랫동안 다른 종에 비해 안정적으로 유지되었다. 그들 사이에 이런 동질성이 가능했던 이유는 같은 개체군 내에서 이루어진 많은 교배가 유전적 다양성을 줄이고, 잠재적인 해로운 돌연변이에 더 취약하게 만들었기 때문이다. 즉 그들은 소수의 근친 교배된 집단이었다. 하지만 그것만이 동질성의 유일한 단점은 아니었을 것이다. 고립과 근친 교배가 그들에게 좋지 않은 영향을 주었을 가능성이 매우 크고, 그들이 매우 비슷했다는 사실은 아마 행동에도 반영되었을 것이다. 따라서 대체로 그들은 겉모습도 닮았을 가능성이 크다. 호모 네안데르탈렌시스의 진화는 기후 변동에 큰 영향을 받았는데, 빙하기는 주기적으로 그들에게 가혹한 시련을 주었다.

나는 수십만 년 동안 같은 방식으로 그 험한 날씨를 견

디고 준비하며 살았던 네안데르탈인을 상상해본다. 하지만 계속 재앙을 만나도 함께 집요하게 맞서고, 여느 때와 다름없이 매서운 추위를 계속 견딘 그들의 숫자가 돌이킬 수 없을 정도로 감소한 이유를 완전히 이해하기는 어렵다.

우리 호모 사피엔스는 그들과 진화 역사가 다르다. 네안데르탈인이 겪었던 고립과 유전자 병목현상*을 겪지 않고 인구 폭발을 이룬 종으로 볼 수 있다. 그런 의미에서 더 가변적이고 더 유연한 종이었다. 그럴려면 심각한 위기의 순간에는 모든 것을 '조금씩 다' 받아들이는 것이 필수적이다.

알고 있는 모든 해결책을 써도 문제를 해결하지 못할 때는 "상자 밖에서 생각하라Think outside the box"라는 앵글로색슨들의 말처럼, 틀에 얽매이지 않는 새로운 방식으로 또는 다른 관점으로 문제에 접근할 수 있는 사람이 필요하다. 그렇기 때문에 한 집단에 현실주의자와 공상가, 사실주의자와 낙관주의자, 실용주의자와 특이한 생각을 하는 사람들이 공존하는 것이 유리하다. 예술과 과학 모두 결국 사물을 보는 다양한 방식인 창의성이 필요하므로 과학적 사고와 예술적 사고가 종종 같은 주제 앞에서 손을 맞잡고 함께 가는 것은 그리 놀라운 일이 아니다. 과도한 관심을 쏟는 사람, 세심

＊　집단유전학에서 질병이나 자연재해 등으로 개체군 크기가 급격히 감소한 이후에 적은 수의 개체로부터 개체군이 다시 형성되면서 유전자 빈도와 다양성에 큰 변화가 생기는 현상

한 사람, 살짝 미친 사람, 생기지도 않은 위협에 과도하게 신경 쓰는 사람, 위협이 없는 곳까지 내다보는 사람이 함께하는 것은 우리에게 도움이 된다. 아마도 사피엔스의 장점은 —— 영리하지 않은 네안데르탈인의 동질성과 반대로 —— 서로 다른 개인의 혼란스러운 혼합에 있었을 것이다.

큰 두뇌에도 부작용은 있다. 인간은 뇌 기능에 크게 의존하는, 대뇌가 발달한 종(신체 크기에 비례해 매우 큰 뇌를 지님)이기 때문에 그 자체로 취약하다. 우리는 그런 우리 운명을 받아들여야 한다. 우리 종은 걱정하기 위해 태어났고, 현재 당면한 위험뿐만 아니라 미래의 위험, 우리뿐만 아니라 자녀와 자녀의 자녀를 기다리고 있는 만일의 사태를 예측하기 위해 태어났다. 우리의 생존 본능은 최소 손자들에게까지 확장되기 때문이다. 그것은 호랑이를 피하고, 강을 건너고, 먹기 위해 불을 피우는 등 당장 앞에 있는 문제를 해결하는 것만으로는 충분하지 않다. 전염병과 지구 온난화, 외국인 혐오와 같이 모든 인류에게 영향을 미칠 수 있는 모든 재난을 예측하는 데 지속적인 노력을 기울인다. 높은 추상화 능력을 갖춘 인간종은 우리 자신을 파괴하고 '파괴할 수 있는' 비상사태와 위험을 인식한다.

그런 인간에게 가장 긴급한 것은 바로 죽음이다. 죽음은 우리가 이성을 사용하게 되었을 때부터 함께해온 것으로, 이것을 피하고자 다른 어떤 동물보다 더 애를 쓴다. 삶의 끝에 대한 자각은 우리를 끊임없이 경계하며 살도록 강요한다. 이것은 본능과 반사보다 더 높은 단계의 보호를 위해 치러야 하는 고통스러운 대가다. 따라서 이런 보호는 가까운 사람들뿐만 아니라 모든 인류의 영속을 보장하기 위해 합리화되고 조직된다. 세상의 종말을 걱정하는, 즉 종말론적 사고를 하는 동물이 또 있을까?

레이 브래드버리가 그의 소설 『사악한 무언가가 이리로 온다Something Wicked This Way Comes』에서 쓴 것처럼, 결국 인간이란 무엇인가? "알아도 너무 많이 아는 창조물. 그래서 우리는 웃어야 할지 울어야 할지 선택을 강요당하는 짐을 안고 산다. 다른 동물은 웃거나 울지 않는데 말이다."

4

기억하기 위해서는 잊는 방법을 알아야 한다

수면 장애에 대하여

호르헤 루이스 보르헤스Jorge Luis Borges의 단편에서 내가 가장 좋아하는 작품 중 하나는 『기억의 천재 푸네스Funes el memorioso』다. 놀라운 기억력을 가진 한 청년에 대한 이야기로, 그는 모든 대화, 사물 또는 상황에 대해 중요하지 않은 사소한 내용까지도 상세히 기억할 수 있다. 언뜻 보면 행운처럼 보일 수도 있지만, 실제로 이런 비상한 기억력은 그에게 고문이 된다. 왜냐하면 이 불쌍한 청년 이레네오 푸네스는 자신에게 일어나는 일을 종합하거나 요약할 줄 몰라서 어떤 개념이나 생각을 수용할 능력이 없기 때문이다. 다시 말해 그는 알곡과 쭉정이를 구분할 줄 모른다. 예를 들어 말을 생각하면 말의 갈기를 하나하나 다 기억하지만, 개를 떠올릴 때는 모양과 크기가 아주 다른 개들을 하나로 묶는 것에 어려움을 느낀다. '3시 14분에 측면에서 본 개'와 '3시 15

분에 정면에서 본 개'를 모두 개라고 말하는 것이 그에게는 어렵다.

　이 놀라운 기억력은 사실상 그에게 고통이다. 그의 머릿속은 정보의 폭격으로 무너지고, 걸러지지 않은 정보들로 가득 차 있다. 그는 각각의 잎사귀를 기억하는 것이 아니라, 그것들을 보았거나 상상했던 모든 순간까지 기억한다. 그는 "순간마다 다양하게 변해서 거의 참을 수 없는 세계의 외롭고 명민한 관찰자"다. 그가 사는 세상의 돌과 가지, 새들은 하나하나 너무 달라서 각각 고유한 이름을 붙일 수 있을 정도다. 하루에 경험한 것을 완벽하게 기억할 수 있지만, 너무 철저해서 그 기억을 복구하는 데는 하루가 꼬박 걸리고, 각각의 기억은 차례로 새로운 연상을 불러일으킨다. 피곤을 자초하는 사람! 그래서 그런 과잉기억을 가진 불쌍한 푸네스는 하루에 기억을 '딱' 7만 개 정도로 줄이는 방법을 고안한다. 그런 다음 기억의 공간을 '덜 차지하도록' 그것들을 숫자로 정의하려고 한다. 하지만 그 작업은 끝이 없어서 소용없는 일이라는 걸 스스로도 알고 있다.

　신경과학자 로드리고 퀴안 퀴로가Rodrigo Quian Quiroga가 『망각하는 기계The Forgetting Machine』에서 설파했듯, 모든 것을 기억하는 것은 아무것도 기억하지 못하는 것만큼 장애일 수 있다. 지식은 기억의 장소를 차지하기 때문에, 기억하기 위해서는 잊는 방법을 아는 게 중요하다. 보르헤스는 "사고란 차이점을 잊고, 일반화하고 추상화하는 것"이라

　　　　　　　　불완전한 인간

고 했다. 이 부에노스아이레스의 작가에게 기억은 극도로 피곤한 일이었던 것 같다.

『기억의 천재 푸네스』는 독자와 작가 및 신경과학 전문가에게 수많은 분석의 대상이 되었다. 그중 많은 부분이 '기억과다증Hypermnesia' 같은 기억 기능 장애 연구에 영향을 주었다. 기억 기능 장애로 고통받는 사람은 자기 삶의 모든 날을 말 그대로 기억할 수 있는 놀라운 자서전적 기억Autobiographical memory을 갖는다. 푸네스는 기억과다증을 보이지만, 그것을 쓴 보르헤스는 푸네스의 이야기가 사실은 불면증에 대한 은유라고 했다. 과연 이것이 불면증에 관한 이야기일까? 그렇다, 이것은 불면증에 관한 이야기다.

불면증에 시달려본 사람이라면 잠 못 드는 밤, 잠의 간절함을 잘 알 것이다. 잠을 자야 할 시간이 지나면 생각이 많아지고 머리는 두서없이 거의 모든 정보를 처리하기 시작한다. 정말로 우리가 걱정하는 것과 그렇지 않은 것들, 가장 심각한 것부터 피상적이고 부차적인 것들, 그리고 낮에 우리를 괴롭히지 않았던 것과 밤에는 더더욱 괴롭히지 말아야 하는 것들까지 처리한다. 그 지옥 같은 시간에도 생각은 절대 멈추지 않는다. 게다가 복잡하게 뒤섞이는데, 가족 건강에 대한 걱정이 '내일은 뭐 먹지?'라는 단순한 생각과 조용히 엎치락뒤치락한다. 그리고 모든 게 급한 일로 변한다. 논리나 우선순위가 없으면 집안일이든 직장 일이든 모든 미해결 과제는 순서 없이 무분별하게 머릿속에서 북적인다.

또한 지난 대화들과 독서, 이메일, 편지, 안도, 분노가 반복된다. '대출이자가 오르면 어쩌지? 차를 바꿀 때가 된 것 같은데, 내가 잘못 생각하는 건 아닐까? 내가 삶에서 원하는 건 뭐지? 냉장고에서 생선을 꺼내 두었나? 차가 아직 잘 굴러가는데, 난 행복한가? 문을 잠갔나? 헬스장 등록을 해볼까? 병원 진료 예약을 해야 할 텐데, 더 두꺼운 코트가 필요한데, 지난 몇 년간 그 사람은 어떻게 됐을까? 그 제안을 받아들여야 할지 모르겠네, 아 이메일 답장을 안 했네! 별일 아니었으면 좋겠는데, 그 사람한테 장갑이 너무 작아, 마감일이 언제였더라? 심각한 일이면 어쩌지? 내가 그 사람을 행복하게 해줄 수 있을까? 너무 화내면 안 되는데, 거실에 커튼 좀 치면 좋을 텐데, 그냥 집에서 운동하는 건 어떨까? 그게 월요일이었나, 화요일이었나? 화장실 전구를 갈아야 할까? 그걸 잘 덮어뒀나? 제안은 나쁘지 않아, 과일을 더 많이 먹어야 해.' 마치 기억의 천재 푸네스처럼 우리는 아무 도움도 안 되는 생각을 하며 휴식을 거부한다.

대부분의 걱정이 쓸데없으며 내일 해결할 수 없는 것들이라는 걸 잘 알고 있다. 하지만 알아도 소용없다. 불면증에 시달리면 머릿속이 혼란스럽다. 그리고 절망스럽게도 이것들이 전혀 도움이 안 된다는 것도 안다. 불면증은 새벽까지 꼬리를 물고 늘어지는 곤혹스럽고 무모한 과잉경계 Hypervigilance* 상태다. 종종 문제가 있거나 결정을 내려야

불완전한 인간

할 때면 '잠자리에 들어서 생각해봐**'라는 유혹의 소리가 들린다. 하지만 문득 "밤은 나쁜 조언자"라고 하셨던 아버지 말씀이 떠오르면서 "악마야, 썩 물러가라!"라고 외치게 된다. 나는 아버지 말씀에 백번 동의한다.

자는 동안 일어나는 일

전 세계 인구의 최대 10퍼센트가 불면증을 앓고 있다. 불면증은 원인이 매우 다양하고 복잡하지만, 오늘날의 불면증은 주로 불안과 걱정, 생활 방식, 취침 전 휴대폰과 태블릿, 비디오게임 등의 지나친 사용 등 나쁜 건강 습관과 관련이 있다. 수면이 이렇게 중요한데 어쩌다 이렇게 많은 사람들이 수면 장애로 고통받는 걸까? 수면은 몸의 정상적인 기능을 위한 자연스럽고 기본적인 과정이다. 누군가 우리에게 잠이 왜 필요하냐고 물어보면, 모두가 아주 정확히 대답할 수 있다. 수면은 휴식과 에너지 회복, 누적된 피로 해소를 위해 꼭 필요하다고 말이다.

　수면은 신체적, 정신적 건강에 엄청난 영향을 미친다. 잠을 자는 동안에는 근골격계 발달에 영향을 미치는 성장

---

　　*　　위험을 감지하는 감각이 극도로 발달된 상태
　　**　　원어 표현은 '베개와 의논하라'로, 어떤 중대한 일을 결정하기 전에 충분한 시간을 갖고 심사숙고한다는 뜻이다.

호르몬 분비와 관련된 호르몬 변화가 일어난다. 또 수면을 통해 신경계를 포함한 손상된 조직이 재생 및 복구되며, 면역 체계 강화와 기억력 강화에도 도움이 된다. 이렇게 숙면의 효과는 불면의 부작용만큼이나 분명하다. 따라서 수면시간이 너무 부족하면 기분 변화나 감정 조절 문제, 의사 결정 문제, 환각을 포함한 신경학적 장애에 이르기까지 다양한 문제가 나타난다. 여기 우리가 가장 궁금해하는 질문이 있다. 그렇다면 왜 자연 선택은 기본적인 생리적 과정에 영향을 미치는 성가시고 비용이 많이 드는 수면 장애를 제거하지 않은 걸까?

이전 장에서는 진화가 어떻게 '과도한 걱정'을 선호하고, 우발적인 위험들을 경계하게 했는지를 설명했다. 우리에게 습관성 불면증이 있든 없든, 보통 걱정하면 잠을 더 못 잔다는 것은 분명한 사실이다. 진화 의학의 측면에서 볼 때, 불면증은 밤에도 외부 세계와 연결을 끊을 수 없는 인간의 과잉 분석 능력의 부작용이자 낮에 생각을 너무 많이 한 대가다. 트레이드 오프(trade off)*, 즉 더 큰 이익을 위해 치러야 하는 희생이나 꼭 내야 하는 '세금'과 같다. 하지만 밤에 생각하는 것은 별로 효과적이지 않아 보인다. 불면증을 겪는 동안에는 고민거리들이 꼬리에 꼬리를 물며 무한 반복

---

* 정책 목표 중 하나를 달성하려고 하면 다른 목표의 달성이 늦어지거나 희생되는 양자 간의 관계

된다. 그러다 보면 지치게 되고, 휴식이 부족하면 다음날 건강과 분석 능력에 영향을 미친다. 결국 비생산적인 밤샘인 셈이다. 하지만 진화론적으로 보면, 이 귀찮고 단점투성이인 문제를 다르게 해석할 수도 있다.

자는 동안 우리에게 아무 일도 일어나지 않는 것처럼 보이지만, 수면은 여러 단계로 각각의 매우 특정한 신경학적 활동으로 구별되는 복잡한 과정이다. 일반적으로 수면은 렘수면REM 단계와 비렘수면Non-REM 단계로 나뉘는데, REM은 'Rapid Eye Movement(급속 안구 운동)'의 약자다. 수면 시간의 약 75퍼센트는 비렘수면으로, 가장 가벼운 수면부터 점점 더 깊고 회복하는 3, 4단계까지의 총 4단계로 이루어진다. 비렘수면 다음에는 렘수면 단계가 이어지는데, 이는 10~20분 정도 지속되며 일반적으로 90분 주기로 발생한다.

렘수면 단계에서 뇌는 활발한 활동에 들어간다. 지속 시간은 다르지만 깨어 있을 때만큼 뇌 활동이 강렬하다. 이때 우리 몸은 가만히 있지만 눈꺼풀 아래에서 안구는 매우 빠르고 무질서하게 움직이기 때문에 '급속 안구 운동'이라고 부른다. 이것은 신비롭다고 할 정도로 특이한 생리학적 상태다. 우리가 가장 생생하게 꿈을 꾸는 것은 렘수면 단계이다. 밖에서 볼 때는 꺼졌지만 내면은 깨어나 활동적이고 화려하며 강렬한 삶이 열린다. 이 단계는 매우 특징적이고 특별해서, 힌두교 경전에서는 인간에게 세 가지 형태의 존

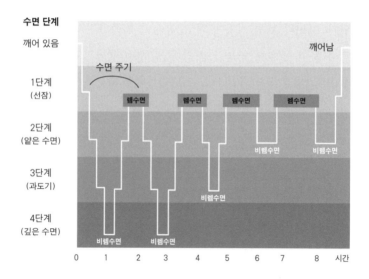

시간에 따른 수면 단계

각 수면 주기는 약 90분 동안 지속되며 4개의 비렘수면 단계와 1개의 렘수면 단계로 구성된다. 일반적인 밤에는 각각 약 90분씩 최대 4~5회의 수면 주기로 이루어진다. 렘수면 단계는 주기적으로 깊은 수면 단계에서 깨워 더 쉽게 깨어날 수 있는 반응성 상태를 만든다. 이는 자다가 깨어났을 때 느끼는 혼란을 피하는 데 도움이 된다. 이 '반쯤 각성' 상태는 수면 중에 경계를 유지해야 하는 상황에서 유용하다. (Rechtschaffen and Kales(1968) 참고)

재가 있다고 인식한다. 하나는 이 세상에 있는 존재(살아 있음), 두 번째는 '다른 세상'에 있는 존재(죽음), 세 번째는 꿈을 꾸는 존재다.

그렇다면 이것은 진화적으로 무슨 의미가 있을까? 수면 중 중추 신경계 활동에서 이렇게 현저하고 반복적인 변화가 일어나는 이유는 무엇일까? 수면의 주요 기능이 에너지를 저장하고 회복하는 데 있다면, 왜 우리는 주기적으로

불완전한 인간

몸을 재활성화하고, 심장은 더 빨리 뛰며, 체온이 올라가고, 뇌파가 급격히 증가할까? 1966년 당시 미국 베데스다에 있는 국립정신건강연구소NIMH에서 수면심리생리학을 연구하던 프레데릭 스나이더Frederick Snyder는 수면, 특히 렘수면의 기원을 진화론적으로 설명했다. 그는 수면이 생물학적 및 회복적 측면에서 중요하지만 자는 동안 우리 상태가 취약하다는 사실을 강조했다. 종의 생존을 위해서는 수면의 이점과, 포식자로부터 자신을 보호하기 위해 경계하는 것 사이의 균형을 찾아야 한다.

그에 따르면, 각 렘수면 단계 후에 가벼운 '각성' 또는 활성화가 뒤따르는데, 자고 있는 사람은 이것을 인지하지 못하는 경우가 대부분이다. 정상적인 수면 과정을 방해하지 않는 일종의 매우 짧은 '현실로의 복귀'인 셈이다. 그렇게 계속 몸이 이완되었다가 다시 원래로 돌아온다. 따라서 렘수면 단계는 수면의 연속성을 거의 이어가는 동시에, 만약을 대비해 달아나거나 싸울 수 있도록 주기적으로 준비하는 '보초' 역할을 하는 것이다. 렘수면 단계는 깊은 수면 단계에서 우리를 꺼내 반쯤 깨우고 활성화해서 생존에 꼭 필요한 기본적 반응 상태로 있게 한다. 덕분에 정기적으로 우리를 자연스럽게 '거의 깨어 있게' 만드는데, 만약을 대비해 누군가 또는 무언가가 우리를 깨울 때 느끼는 혼란을 방지하기 위해서다. 자다가 깨어나 사자나 치타 또는 무장 강도가 공격한다는 것을 알아차렸을 때는 이미 너무 늦을 수 있기 때문이다. 따라서 이 주기적 수면 패턴은 동물계의 진화 초기에 새겨진 '적응을 위한 이점'인 셈이다.

밤의 파수꾼

흥미롭게도 수면 시간과 방식은 종에 따라 다르다. 특히 인간의 렘수면 비율은 상대적으로 더 높지만, 비교적 덜 자는 영장류 — 물론 우리 주변에는 예외인 친구들이 있다 — 에 속한다. 우리 조상들이 학습과 사교, 포식자 방어처럼 깨어 있어야 하는 활동에 더 긴 시간을 쏟았고, 잠을 덜 자면서 그 이점을 발견했을 것으로 추측된다.

그러나 자는 시간뿐만 아니라 방식도 변했다. 대부분의 영장류는 수목 생활을 한다. 즉 상당한 시간을 나무에서 보내는데, 이는 분명 이 동물목目 조상의 행동 형태다. 최초의 영장류는 야행성이었고, 독방 생활을 했으며, 포식자로부터 보호받을 수 있는 나무 구멍 같은 곳에서 잠을 잤다. 그러다가 집단이 커지면서 주간 생활 방식으로 진화했고, 더는 작은 피난처에 숨을 수 없게 되었다. 이후에는 야생 짐승의 손이 닿지 않는 나뭇가지 위에서 잠을 자기 시작했지만, 오히려 높은 곳에서 떨어지는 바람에 그들에게 더 많이 노출되었다. 이런 상황을 설명하기 위해 모든 오스트랄로피테쿠스 중에서 가장 유명한 작은 루시와 관련된 매우 흥

불완전한 인간

미로운 사례를 살펴볼 것이다. ── 살짝 곁길로 빠지는 것을 이해해주길 바란다 ──

　루시는 우리가 속한 '사람속'의 조상이다. 오스트랄로피테쿠스는 인간을 특징짓는 이족보행의 선구자로, 두 다리로 움직이는 최초의 호미니드들이다. 그러나 이들은 긴 팔과 손가락의 곡률(나뭇가지들을 잡고 움직이기 좋아하는 해부학적 특징이다)로 인해 땅과 나무 위를 번갈아 가며 살았던 것으로 추정된다. 텍사스 오스틴 대학의 지질학 교수인 존 카펠만John Kappelman에 따르면, 루시의 골격에는 상당한 높이에서 떨어진 것으로 추정되는 일련의 골절이 나타난다. 루시는 떨어지면서 충격을 줄이고자 무의식적으로 팔을 앞으로 내밀어 '망치'(상완골, 팔의 뼈)가 '모루'(어깨)에 부딪히는 것과 같은 날카로운 충격을 받아 여러 파편과 골절이 생겼을 것이다. 그중에서 '압박 골절'이 매우 특징적인데, 골절된 팔뼈의 한쪽 끝이 충격 압박으로 다른 쪽 끝 위에 '겹쳐지거나' 끼워지는 골절이다. 카펠만에 따르면, 이런 증거들은 오스트랄로피테쿠스가 지상에서 이족보행 습관이 생기면서 곡예 능력이 약화하였음을 보여준다.

　다시 수면 이야기로 돌아가보자. 우리 인간은 바닥에서 자는 '특별한 종'이다. 이 습관은 영장류 세계에서는 매우 드문데, 환경이 안전하고 포식자에게 쫓길 위험이 적은 예외적인 경우에만 가능하기 때문이다. 우리는 바닥에서 잠을 자면서 안정성과 편안함을 얻었고, 덕분에 수면의 질도 높아졌을 것이다. 게다가 불을 피울 줄 알게 된 것은 자는 동안 주변 동물을 위협하는 데 상당한 도움이 되었고, 그 결과 바닥에서 잠을 자는 특징이 강화되었다. 불 사용에 대한 통제(불을 유지하는 것뿐만 아니라 불을 피우는 것)는 50만 년 전에 시작되었다고 보지만, 약 30~40만 년 전까지의 화석 기록으로는 확실하고 일관된 증거를 찾을 수 없다. 아프리카 남부의 보더 동굴Border Cave에서 그 시기 최초의 침대로 보이는 유적들이 발견되었다. 동굴 바닥에 풀과 나뭇잎, 재가 연속적으로 층을 이룬 침대였다. 아마도 그 층은 유지 보수나 어쩌면 기생충 제거와 같은 위생상의 이유로 '매트리스'를 주기적으로 태운 결과일 것이다. 참고로 그 재는 편안한 수면을 방해하는 가장 성가신 위협 중 하나인 모기를 없애는 역할도 한다.

그래서 인간은 다른 종보다 더 적게 자고(렘수면 단계는 더 많지만), 바닥에서 잔다. 뿐만 아니라 우리의 수면 특징은 더 다양하고 유연하다. 일찍 자고 일찍 일어나는 것을 좋아하는 '종달새형' 즉 아침형이 있고, 늦게까지 놀다가 해가 중천에 떠야 일어나는 '올빼미형' 즉 야행성도 있다. 이것을 '크로노타입Chronotype'이라고 하는데, 사람마다 하루 중 시간에 따라 최대 에너지나 수면 경험이 다르게 나타나는 경향을 말한다. 이런 차이점은 때때로 성가셔 보일 수도 있지만(특히 영화를 함께 보기 시작하는데 파트너가 졸려 할 때), 사실 이 안에는 우리 종의 진화에 매우 유용한 잠재적 이점이 숨어 있다.

토론토 대학교의 과학자인 데이비드 샘슨David Samson
과 연구팀은 앞에서 우리가 '할머니 가설'을 설명할 때 언급
했던 탄자니아의 수렵 채집인 하드자족의 수면 패턴을 조
사했다. 이 과학자들은 개인의 휴식과 활동 정도를 살펴보
기 위해 근육 활동 센서를 이용하는 검사인 '액티그래피Ac-
tigraphy'를 사용했다. 하드자족을 선택한 이유는 이들이 오
늘날 도시 생활 방식(전등, 소음, 스크린, 전화)과 관련된 '간섭'
을 받지 않으면서도 플라이스토세 인구의 생활 방식을 잘
보여준다고 가정했기 때문이다. 따라서 수면에 대한 진화
적 추론을 하는 데 좋은 사례가 될 수 있다.

이 과학자들은 연구를 통해 '밤'의 99.8퍼센트(첫 번째
사람이 잠들 때부터 마지막 사람이 깨어날 때까지 계산해서) 동
안 깨어 있는 사람이 '항상' 있다는 사실을 발견했다. 220시
간 이상의 수면 모니터링 결과, 모든 성인이 동시에 잠든 시
간은 18분에 불과했다. 한 집단에서 구성원마다 일어나는
시간과 자는 시간이 다르다는 것은 분명한 이점이 될 것이
다. 늘 파수꾼 역할을 하는 사람이 있어서 자고 있을 때 발
생할 수 있는 위험들로부터 보호해주기 때문이다. 호미니
드의 집단생활을 가능하게 하는 가장 중요한 선택압[Selec-
tive pressures, 다양한 형질 중 주어진 환경에서 생존에 유리한 형
질이 선택되게 만드는 자연의 압박] 중 하나는 특히 밤에 잠을
자는 습관이 생기면서 포식자로부터 자신을 보호해야 할

필요성이었다. 이것이 바로 주행성인 영장류(밤에 잠을 자는 영장류)가 무리를 지어 생활하는 이유일 것이다. 사회성은 역경과 위험 속에서 탄생한 셈이다.

하지만 또 다른 이유도 있다. 이들 수렵 채집인의 연구를 통해 크로노타입의 원인이 나이라는 사실도 밝혀졌다. '정상적' 수면 패턴에서 벗어나는 것은 성별과 집단 크기, 휴식 장소 또는 곁잠Co-sleeping*과는 상관이 없었다. 깨어 있는 시간과 휴식 시간의 불일치는 주로 노인들에게서 나타났다. 따라서 데이비드 샘슨 연구팀은 여기에 '수면 질 저하 조부모 가설Poorly sleeping grandparent hypothesis'이라는 이름을 붙였다.

인간의 진화 과정에서 우리 조상들은 나이와 수면 패턴이 다른 사람들이 섞인 대규모 집단생활을 하면서 '한쪽 눈을 뜨고 자야 했을' 것이다. 이런 불일치 원인에 관한 메커니즘은 아직 밝혀지지 않았다. 그래서 자연 선택이 적응 능력 때문에 수면과 철야 리듬의 변화를 선호했는지는 아직 정확히 알 수 없다. 또한 이런 차이는 나이가 들고 우리 신경계의 일부 조절 기능이 저하되면서 생긴 부산물일 수도 있다. 실제로 자연 선택은 이런 결함에도 불구하고 장점이 더 크기 때문에 제거하지 않았을 것이다. 어쨌든 우리는

---

*　누군가 다른 사람의 곁에서 잠자는 것으로 대개는 부모가 어린 아이들을 재우는 양육 행동을 가리키는 단어다.

어렸을 때 잠을 더 잘 잤다. 그때는 언제 어디서나 모든 상황에서 잠을 잘 수 있었지만, 나이가 들면서 깊이 잠들지 못하고 수면 질도 나빠지는 것이 일반적이다. 렘수면 단계 후 주기적 각성에 관한 스나이더의 연구와 크로노타입에 대한 샘슨의 연구는 '보초 이론Sentinel theory'을 구체화했다. 그 이론에 따르면, 인간종은 특정 예방적 메커니즘(감시를 위해 보초를 서거나 교대하기)이 없어도 밤의 위험으로부터 자신을 보호하기 위한 생물학적 준비가 되어 있다.

우리에게 조부모가 있다는 것의 진화적 이점을 다시 언급하지 않아도, 독자 여러분은 분명 또 다른 이점들을 떠올릴 수 있을 것이다. 이런 관점에서 볼 때 불면증과 관련된 여러 증상은 조상에게서 물려받은 방식으로, 특히 야외에서 밤의 위험으로부터 자신을 지키는 데 도움이 되었다. 크로노타입은 오늘날 수면 장애가 있는 사람들에게 잠재적인 부작용을 일으킬 수 있지만, 집단에게는 매우 유용한 적응이었을 것이다. 일부 수면 장애는 우리의 생명 활동과 환경 사이의 불일치를 보여주는 예일 수 있다. 왜냐하면 우리 몸은 더는 존재하지 않는 위협으로부터 계속 방어를 시도하기 때문이다. 경보기와 이중 잠금 문이 제대로 설치된 집안에서는 보안이 잘 되고 있는지 확인하기 위해 자주 경보기를 울릴 필요가 없는데도 말이다. 어쨌든 그것은 옛날부터 우리 유전자에 새겨져 내려오는 자동 장치다.

그렇다고 해서 불면증과 싸우지 말고 그것의 고통에

굴복해야 한다거나, 낮 활동에 매우 안 좋은 영향을 주는 경우에도 도움이 되는 수면 습관과 치료법을 찾지 말자는 말이 아니다. 다만 노년층에서 자주 나타나는 수면 장애를 단순히 병이 아닌, 삶의 단계에서 '정상적인' 과정으로 받아들인다면, 우리 건강 상태에 대한 자기 인식 — 아프다고 느끼는 것은 실제로 아픈 것만큼이나 해롭다 — 에 긍정적인 영향을 줄 수 있고, 많은 경우 약물 과다 복용을 방지할 수 있을 것이다.

우리 조상들도 불면증을 앓았다는 사실은 내게 위안이 되고, 길고 어두운 밤에 빛이 된다. 나는 밤마다 '아무 이유 없이' 깰 때면 승냥이나 사자가 있는지 살펴보는 대신 아이들의 이불이 잘 덮여 있는지 확인하기 위해 이 방 저 방을 어슬렁거린다. 그리고 더 기분 좋게 잠들려고 다시 침대로 돌아온다. 그러면서 이것이 파수꾼의 혈통에 속한 우리의 운명임을 자랑스럽게 받아들인다. 『기억의 천재 푸네스』에서 "잠자는 것은 세상에서 벗어나는 것이다"라고 했는데, 나는 아무것도 놓치고 싶지 않다.

밤에 우리가 나누는 이야기들

우리는 클릭만 하면 수많은 영화와 시리즈를 볼 수 있는 디지털 플랫폼의 시대, 시청각 오락 시대에 살고 있다. 이것을 두고 현대의 사치품이라고 하는데, 그 오락의 질과 다양성, 그리고 편안함의 측면에서 보면 맞는 말인 것 같다. 하지만 이런 오락의 필요성은 적어도 불을 피울 수 있는 능력과 그 주변에 앉고자 하는 욕망만큼이나 오래되었다.

인공조명 —— 오늘날은 전기, 과거에는 불 —— 도 우리의 생체 리듬을 방해한다. 그것 덕분에 잠을 자야 할 시간에 깨어 있지만, 그렇다고 휴식의 의미가 완전히 사라진 건 아니다. 그 시간에 하는 활동은 보통 낮에 하는 활동과 다른 경우가 많기 때문이다. 적어도 최근까지 그랬다. 불과 함께 새로운 형태의 휴식과 오락이 생겨났고, 어쨌든 그것은 오늘날까지 이어졌다. 40년 이상 부시먼족*을 분석한 유타 대학의 인류학자 폴리 위스너Polly Wiessner의 연구는 불 주위에서 만들어진 이 새롭고 중요한 공간에 대한 매우 흥미로운 관점을 보여준다. 그는 칼라하리 사막의 !쿵족과 6개월을 함께 지내며 기록한 글과 녹음본을 조사하던 중에 저녁에 불 주변에서 나누는 대화 내용이 낮에 이루어지는 대화와 완전히 다르다는 사실을 발견했다.

낮에는 주로 실용적인 주제, 경제적인 문제, 갈등 해결, 사냥 및 공급 문제, 불만, 비판 및 험담과 관련된 이야기를 했다. 대화 중 잡담은 6퍼센트뿐이었다. 하지만 밤에 불 주변에서 들려오는 이야기는 매우 달랐다. 대화의 최대 81퍼

---

* 아프리카 남부의 칼라하리 사막에 거주하는 부족

센트는 잡담이었고, 10퍼센트만이 재정 문제와 사회 비판에 관한 이야기였다. 불은 사람들을 통합하고 진정시키는 역할로, 사람들을 정서적으로 이어주고 정보를 공유하려는 욕구를 일으키며, 집단적 상상력을 발휘할 수 있게 한다. 낮에 깨어 있는 것은 밤과는 분명 달랐다. 밤에는 목소리의 어조나 억양이 변했고, 노랫소리도 들렸으며, 주술가들은 춤추고 무아지경에 빠지기도 했다. 또 그들은 사냥 업적을 자주 회상했는데, 그중 많은 이야기가 과장되거나 연극 조였다. 종종 그 자리에 없는 사람들을 떠올리기도 했다. 세상을 떠난 사람부터 다른 부족에 있는 친척이나 친구까지 함께 떠올린다는 것은 인간만의 고유한 능력이다.

우리는 기억력보다 영장류학자들이 말하는 '감정적 과잉기억Affective hypermemory'을 더 즐긴다. 인간은 지금 함께 있지 않은 사람들을 기억하고 존경하며 그리워하고 감탄할 수 있다. 심지어 이 안에는 직접 만난 적이 없는 종교인, 정치가, 음악가, 운동선수, 예술가, 탐험가, 작가, 과학자, 철학자 같은 인물들도 포함된다. 그들은 글과 뉴스, 제삼자가 전하는 이야기를 통해 우리에게 다가온다. 이 집단적 기억과 추모는 물리적, 시간적 차원을 초월해 집단이나 공동체의 소속감을 강화하는 데 매우 중요하다. 멀리 떨어져 있거나 더는 존재하지 않는 사람들을 통해 이루어지기 때문이다. 공동체의 일부라는 느낌은 지금보다 더 많은 것을 공동체와 공유한다는 뜻이다. 그 바탕에는 공유된 역사, 전통, 우리를 하나로 묶고 사라지지 않도록 자주 먹이고 되살려야 하는 과거 — 사실이든 아니든 — 가 있다.

이런 일은 불 주변에서, 식사를 마친 후에 디저트와 음료를 앞에 두고 일어난다. 또한 우리는 하루를 마무리하며 번잡함에서 벗어나기 위해 하루를 되돌아보거나 잠자리에 들기 전 드라마나 책, 하루 동안 쌓인 걱정을 없애주는 이야기들로 '머리 비워내기'를 하려고 애쓴다. 그러나 오늘날 우리 사회는 그 밤샘의 본래 의미를 왜곡하기 시작했다.

지금의 인공조명은 점점 낮의 활동이나 작업을 연장하고, 대기 중인 작업 목록을 계속 늘리는 데 더 많이 사용된다. 우리에게는 정말 쉴 시간이 없는 걸까? 대한민국의 철학자 한병철에 따르면, 우리는 생산에 대한 불안에 휩싸여 성공을 추구하느라 지친, 자기 착취적인 노동 공동체가 되었다. 저서인 『피로사회』에서 그는 인류가 빠른 속도로 살아가고, 생산에 집착하며, 할 수 있는 모든 것을 하지 못한다는 생각에 괴로워하고, 집단에 부과된 성공 기준에 도달하지 못하면 죄책감을 느낀다고 주장한다. 그래서 생산 시스템이 우리에게서 빼앗아 간 축제 시간을 보호하는 것이 중요하다고 강조한다. 이 시간을 일을 계속하는 데 필요한 회복 시간과 혼동해서는 안 된다. 축제 시간은 반드시 그 고유한 내용과 활동을 포함해야 한다.

시간 사용의 혁명에 대한 요구는 미하엘 엔데Michael Ende의 잊지 못할 소설 『모모Momo』의 메아리와 맞물린다.

이 책은 청소년 권장 도서로 분류되었지만 성인에게도 추천하고 싶다. 소설에서 그는 시간을 먹고 살며 우리 시간을 훔쳐가는 회색 신사들과 그들에게 속는 인간의 이야기를 들려준다. 시간을 아끼려고 집착하지만 정작 아무것도 할 시간이 없는 사회를 비판하는 흥미로운 소설이다. "간단히 말하자면, 일을 더 서두르되 필요하지 않은 일은 전혀 하지 마세요. (…) 쓸데없는 대화는 피하세요. 당신 어머니와 함께 보내는 시간은 절반으로 줄이세요. 가장 좋은 방법은 좋고도 싼 양로원에 맡기는 거예요. 거기에서 그녀를 돌봐주면 당신은 한 시간을 아낄 수 있을 거예요. (…) 반성하는 15분도 낭비하지 마세요. 또 노래하고 책을 보거나 소위 친구들과 함께하느라 소중한 시간을 낭비하지 마세요."

인간은 미래에 '진짜 삶을 살기' 위해 지금 시간을 아끼며 살아간다. 하지만 거기에는 속임수가 있다. 더 많은 시간을 '절약하면 할수록' 우리의 시간은 더 적어질 뿐이다. 시간은 절약할 수 없고 사라지기 때문이다. 우리는 아마도 절대 오지 않을 미래를 위해 삶을 담보로 잡는다. 반면 모모는 다른 사람의 말을 들어줄 시간을 내고, 회색 사나이들과 싸우는 특별한 소녀로, 어른 세계에서는 매우 희귀하고 소중한 존재다. "난 이미 동화 레코드판을 11개나 갖고 있어요. 전에는 아빠가 퇴근하고 집에 오시면 밤마다 이야기를 해주셨어요. 그때는 정말 좋았죠. 하지만 지금은 저녁에 아빠가 집에 계신 적이 거의 없어요. 계셔도 피곤하거나 내키지 않는대요."

폴리 위스너에 따르면, 불 주위에서 나누는 대화는 인간이 가진 상상력의 씨앗이다. 그곳은 우리가 이야기를 꺼내고, 경험을 정리하며, 의미를 찾기 위해 회상하고, 경청하는 사람들 앞에서 재현하고 싶게 만드는 장소다. 청중은 마치 영화에 몰두하는 관객처럼 잠시 자신을 잊고 상대의 입장에 선다. 상상(소설, 이야기, 연극, 영화, 시리즈)과 공감을 일으키는 위대한 방아쇠이자 화자와 청자의 감정을 한순간 일치시키는 효과적인 도구로, 잠시 다른 사람의 감정을 느끼거나 엿볼 수 있게 해준다. 심지어 그 안에서 자기 자신도 인식하게 된다.

그러나 불이 발명된 후로 몇 가지 변화가 생겼다. 우리의 하루는 일몰과 함께 끝나지 않는다. 대부분 낮의 시간을 연장하고, 머릿속에는 이야기가 넘치고, 잠들기 전에 다른 이야기로 머릿속을 채우고, 낮과는 또 다른 깨어 있음을 즐긴다. 그리고 영화의 '끝'이라는 글자가 뜨거나 마지막 불빛이 꺼지면 조금은 덜 외로운 상태로 우리 자신도 인식하는 다른 세계 속으로 들어간다.

이제 왜 아이들이 잠들기 전에 이야기해달라고 조르는지 이해가 갈 것이다. 그것을 원하지 않는 아이도 있을까? 그것에는 단순히 떼쓰기 이상의 의미가 있다. 우리 역사에 기록된 생물학적 본능이며, 많은 이야기가 모닥불의 불꽃 속에서 만들어졌다. 이런 점에서 개인적으로 하고 싶은 말이 있는데, 많은 부모들이 모바일과 TV, 컴퓨터를 끄고 자녀들에게 즐거움을 주어야 한다. 아이들에게 이야기책을 읽어주길 바란다. 『모모』로 시작해도 좋을 것 같다. 여러분도 그 삶의 시간을 얻게 될 것이다.

5

노인을 위한 나라는 없다

암에 대하여

전 세계적으로 암은 주요 사망 원인 중 하나로, 일부 국가에서는 심장병을 제치고 1위를 차지한다. 통계 수치에 따르면, 매년 약 1,800만 건의 암이 발생하고, 900만 명 이상이 암으로 사망한다. 이 수치는 20년 이내에 두 배가 될 것으로 추정된다.

이런 상황을 보면 의사이자 작가인 싯다르타 무케르지Siddhartha Mukherjee에게 퓰리처상을 안겨준 기념비적인 암 '전기'의 제목이 『암: 만병의 황제의 역사The Emperor of All Maladies』인 것도 그리 놀랍지 않다. 악마의 초상화 같은 이 책은 인류가 천 개의 얼굴을 가진 애매한 적과 싸우는 서사적이고 기이한 전투를 담았다. 암의 역사는 암을 폭로하고, 박해하고, 가능한 모든 방법을 동원해 공격하려고 애쓴 명석한 두뇌들의 연구와 발견의 기록이다. 우리는 암과 맞서 싸우기 위해 화학 요법과 면역 요법, 방사선 요법, 유전자 요법, 수술 등 온갖 대포를 다 동원해왔다. 오늘날 그 치료들은 일상용어처럼 되어버렸지만, 약물(화학 요법)로 종양을 치료할 수 있다고 생각한 지는 100년도 채 되지 않았다. 아직 해결해야 할 일이 많이 남아 있지만, 짧은 시간에 이만큼 발전한 것만 해도 대단하다. 오늘날 시도해보지 않은 방법은 거의 없다. 암 연구는 가장 많은 인적 자원과 재정적 자원이 투입되는 의료 분야 중 하나다. 그런데도 왜 우리는 암을 물리치지 못하는 걸까? 종양 수의 증가는 어떻게 설명할 수 있을까? 인간에게 가장 큰 위협 중 하나에 대해 자연 선택은 무엇을 하고 있을까? 그저 팔짱 끼고 구경만 하는 걸까?

처음

어쨌든 처음부터 시작해보자. 각자의 처음부터.

> 너의 안에서 나는 분명 알과 물고기였지.
> 지구의 헤아릴 수 없는 시기들
> 나는 너의 자궁을 지났고,
> 너의 밖에서 그들은 나의 날들을 세었네.
> 너의 안에서 나는 세포에서 뼈가 되었고,
> 백만 배로 커졌지.

불완전한 인간

너의 밖에서 내 성장은

훨씬 줄었지.

　이탈리아 소설가이자 시인인 에리 데 루카Erri de Luca의 시 〈엄마 에밀리아Mamm'Èmilia〉의 한 구절이다. 나는 첫 딸 마리아를 임신했을 때 이 시를 접했다. 처음으로 엄마가 되는 사람들이 그렇듯, 나도 내 안에서 일어나는 생물학적 전개에 매료되었다. 임신 기간에는 나 자신이 배우인 동시에 무대인 듯한 느낌을 받는다. 그런 내게 이 시는 현기증 나는 삶의 배경음악 같았다. 두 개의 세포(난자와 정자)로 시작해, 마침내 더도 덜도 아닌 30조 개의 세포가 된다. 그리고 그 세포는 계속 재생되고 변화하기 때문에 절대 똑같을 수 없다. 나는 우리 몸을 보면 '절대 잠들지 않는 도시' 뉴욕 같다는 생각이 든다. 태어나고 죽고, 집단을 이루고, 조직하고, 쉬지 않고 움직이며 열심히 사는 세포들로 이루어져 있다.

　그런데 세포는 왜 분열하는 걸까? 물론 세포 분열은 생물의 성장에 필요하다. 또한 손상된 조직을 수리하거나 낡은 세포를 교체하는 등 유지 관리를 위해 분열하기도 한다. 예를 들어 피부 세포는 끝없이 분열한다. 피부는 우리의 첫 번째 방어선이자 몸의 가장 겉부분으로, 습도와 온도 변화, 타격, 화학 작용제 또는 자외선과 같은 많은 공격에 노출된다. 따라서 1분마다 3만~4만 개의 피부 세포가 죽고 교체되어야 한다. 혈액 세포도 약 120일 동안 멈추지 않고 혈관계가 뒤덮인 곳에서 모험한 후에 결국 비장脾臟이라는 묘지에 묻히게 된다. 하지만 이들과 반대로 겨우 재생하는 신경계 세포도 있다. ― 안타깝다. 새로운 뉴런들로 아침을 맞고 싶지 않은 사람이 어디 있겠는가? ― 이 끝없는 세포의 증식과 재생 과정의 결과, 우리는 대략 7년이나 10년마다 새로운 존재가 된다. 몸의 마지막 세포까지 교체될 것이다. 따라서 과학적으로 볼 때 우리는 '새로운 존재'라고 할 수 있다. 어쩌면 그래서 자신을 절대 알지 못하는 게 아닐까?

인간의 몸은 소위 줄기세포 또는 전구세포라고 부르는 것에서 시작되는 무한한 세포 분열의 결과다. 이런 세포들은 특정 조직(상피, 결합, 근육, 신경)의 세포들이 될 때까지 증식, 영속 및 분화한다. 그리고 이 조직들은 다시 모여 함께 기관을 형성하고, 이런 기관(심장, 뇌, 위, 간, 폐, 비장, 장)은 구체적이고 중요한 기능을 수행한다. 유기체가 복잡할수록 ― 세포가 더 많고 전문화될수록 ― 필요한 단계와 분열의 수가 더 늘어나고, 돌연변이와 같은 오류가 발생할 확률도 더 높아진다. 물론 정상적 조건에서 우리 몸에는 각자의 임무를 수행하는 수조 개의 세포가 조화를 이루고 있다. 음악회에서 제대로 된 음악이 나오려면 일련의 통제 메커니즘인 '공존 규칙'이 중요한 것처럼, DNA가 손상되거나 해로운 돌연변이가 나타나면 세포가 이를 수리하지만, 이웃 세포들이 적절할 때 해당 조직 내에서 분열하도록 감시하기도 한다. 하지만 만일 세포가 이런 규칙들을 어기거나 명

불완전한 인간

령 없이 분열하기 시작하고 통제할 수 없을 정도로 마음대로 분열하면, 면역 체계가 세포 파괴를 맡거나 세포 자체가 스스로 죽도록 계획을 세울 것이다.

우리는 자신을 속이지 말아야 한다. 고장날 가능성이 전혀 없는 시스템은 없다. 가장 정교한 자동차라도 정비소에 가야 한다. 연속적인 세포 복제 과정 중에는 오류가 발생하고 오류가 제거되지 않으면 문제의 조직은 무질서하고 통제할 수 없게 커지기 시작한다. 그리고 그 공격성에 따라 다른 조직과 장기를 침범(전이)할 수 있다. 그것이 바로 암(종양 또는 신생물이라고 부름)인데, 이 조직의 무절제한 성장과 분열은 해당 기관의 장애를 초래할 뿐만 아니라 다른 기관의 기능에도 장애도 일으킬 수 있다.

인간처럼 크고 장수하는 동물에게 평생 일어나는 세포 분열 횟수를 생각하면, 지금보다 더 많은 결함이나 암이 발생하지 않는 것이 오히려 더 놀라울 정도다. 세포 분열을 할 때마다 우리는 러시안룰렛을 하는 셈이다. 모두 알고 있듯 총알이 하나만 들어 있는 리볼버를 돌려 방아쇠를 당기는 잠재적으로 치명적인 확률 게임이다. 즉 세포가 복제될 때마다 우리는 리볼버를 무작위로 돌린 후에 관자놀이에 대고 방아쇠를 당기고 있는 것이다. 하지만 보통은 아무 일도 일어나지 않는다. 일반적으로는 모든 일이 잘 돌아간다. 종양 억제 메커니즘이 우리 몸에 있는 수조 개의 세포를 유지하는 방법은 실로 놀랍다. 하지만 평생 수백만 번 방아쇠를 당긴다면 당연히 암이 생길 확률도 높아진다. 종의 수명이 길어질수록 운명의 시험대에 오르는 시간도 길어지므로 결함이 생길 가능성도 배가되기 때문이다. 그러나 암세포가 번성하기 위해서는 엄청난 장애물을 넘어야 한다.

그나마 다행스럽게도 자연은 우리가 장전된 총을 베개 밑에 두고 잔다는 사실을 알고 극도의 예방 조치를 취했다. 여기에서 여러분은 어린 시절 슈퍼맨 놀이에서 괴물과 싸우며 했던 질문에 대한 답을 찾게 될 것이다. 짐승에게 찢긴 다리는 왜 다시 자라지 않을까? 도마뱀 꼬리가 잘리면 다시 자라는데 왜 내 손가락은 다시 자라지 않는 걸까? 이런 질문들에 답변하자면, 인간처럼 복잡한 동물의 재생 능력에는 한계가 있기 때문이다. 게다가 새로운 팔다리로 얻는 혜택은 재건 비용과 비교할 때 효과가 크지 않다. 또 한편으로는 세포 재생과 분열 능력을 적절하고 필요한 정도로 조절함으로써 돌연변이나 암이 생길 가능성을 통제할 수 있다.

인간의 팔은 불가사리의 팔이 다시 자라는 것과는 차원이 다르다. 불가사리의 팔은 동질적인 연속체 구조를 갖지만, 인간의 팔은 뼈와 근육신경, 혈관 및 결합 조직으로 이루어져 있다. 그래서 재생되려면 상당수의 줄기세포와 성장 인자가 필요하다. 무너진 벽에 벽돌을 한 겹 더 쌓는 것과 들보와 외장재, 전기 배선, 파이프, 배수구, 기와, 창문과 지붕으로 새집의 기초를 쌓는 일은 차원이 다르다. 웅장한 산티아고 데 콤포스텔라 성당의 탑을 재건하는 것과 헛간을 짓는 일을 비교할 수 없다. 한 손가락을 잃는 것이 생존에 영향을 주는 것도 아닌데 비용이 많이 드는 생물학적 프로그램을 실행하는 것이 진화론적으로 이득이 되겠는가?

그럼 한쪽 다리라면 어떨까? 플라이스토세에서 한쪽 다리를 잃은 것은 호미니드의 생존 가능성에 영향을 미칠 만큼 꽤 중요해 보인다. 이동성은 집단으로 옮겨 다니고 과일을 따거나 사냥하는 능력에 꼭 필요하기 때문이다. 한쪽 다리는 생활에 필수불가결한데, 왜 자연 선택은 잃어버린 신체 부위 재생을 선호하지 않은 걸까? 아마 재생되기도 전에 출혈이나 감염으로 먼저 죽을 가능성이 클 것이다. 필요성 문제에서 볼 때, 그렇게 큰 비용을 치르고 기능을 새로 갖추는 것은 진화론적으로 너무 큰 낭비일 것이다. 게다가 손상된 조직을 재생하려면 추가 비용이 드는데, 새로운 팔다리를 교체하는 매우 긴 세포 복제가 일어나야 하고 복제 과정에서 암 발생 위험이 더 증가하기 때문이다. 원래도 베개 밑에 장전된 총을 두고 자는데, 만일 여기에 절단된 팔다리 재생에 필요한 총까지 더해진다면 매일 발생하는 오류와 돌연변이를 통제하는 시스템에 과부하가 일어날 것이다. 누구나 한번쯤은 차를 수리할지 아니면 새 차를 살지를 고민해보았을 것이다. 하지만 진화는 낭비를 거의 하지 않는다. 대신 끊임없이 자기 주머니를 살핀다.

이게 다 오래 살아서 생긴 문제

현대인의 암 발병률이 높은 것에 비해, 우리 조상들에게 암이 드물었다는 사실은 놀랍다. 물론 유일하게 화석화되는 조직이 뼈이기 때문에, 화석 기록으로 식별할 수 있는 병리 유형이 매우 편향적이긴 하다. 종양의 경우, 뼈 자체에서 발생하는 종양(원발성 골종양)이나 뼈에 전이를 일으키는 종양을 확인할 수 있길 기대한다. 우리가 얻은 사진이 부분적이긴 하지만 플라이스토세의 종양 빈도가 낮은 걸 보면 실제로 조상들에게 이런 유형의 병리가 아주 적었거나 아예 없었을 것으로 추정된다.

종양의 가능성을 보여주는 가장 오래된 사례이자 가장 먼저 확인된 사례 중 하나는 1932년 케냐에서 발견된 카남Kanam 하악골이다. 나이를 정확히 알 수는 없지만 수십만 년 전으로 추정된다. 그 화석은 결합 부위나 턱 부위에서 비정상적인 뼈 성장을 보이는데, 종양 진단(일부는 골육종, 다른 일부는 버킷림프종Burkitt lymphoma이라고 함)이나 외상성(골절로 인한 가골)에 대해 확정된 내용은 없다.

35만 년 된 슈타인하임(독일)의 두개골에서는 두정골 내부 판에서 움푹 패인 자국이 발견되었는데, 뇌를 둘러싸고 보호하는 막인 수막의 종양 때문에 생긴 것일 수 있다. 프랑스 니스의 라자렛Lazaret 유적지에서 발견된 네안데르탈인 어린이의 두정골도 또 다른 수막종의 증거가 될 수 있다.

또 과학자들은 크로아티아의 크라피나Krapina 유적지 — 약 12만 년 전으로 거슬러 올라감 — 에서 발견된 네안데르탈 인의 갈비뼈에서 섬유이형성증Fibrous dysplasia*으로 추측되는 사례가 관찰된다고 했다. 이것은 증상이 거의 없고 다만 결합 조직의 불규칙한 성장을 보인다.

골암(뼈암)의 가장 초기 사례는 12~13세의 '오스트랄로피테쿠스 세디바 종' — 198만 년 전 남아프리카의 말라파Malapa 유적지에서 발견 — 에서 나타나는 흉추에 발생한 골종이라는 의견이 나왔다. 남아공의 스와르트크란스Swartkrans 유적지에서 발견된 170만 년 전 호미니드의 발가락뼈에 골육종이 있을 수 있다는 사례도 발표되었다. 그리고 종양 사례 목록은 거기에서 끝난다.

이렇게 수백만 년에 걸친 인간 진화의 기록 중 우리보다 먼저 살았던 종에게서 보이는 종양 숫자는 한 손가락으로 꼽을 정도다. 원발성 골종양은 포유동물에서 극히 드물고, 야생 침팬지 사망의 원인 중에서도 암은 1.8퍼센트 정도뿐이다. 최근 몇 년 동안 사육 환경에서 생활하는 영장류의 경우 그 수치가 약간 더 높을 수 있지만, 아직은 매우 드물고 대부분이 연조직 양성 종양이다.

따라서 화석 기록에서 종류를 막론한 종양의 발견은

---

* 뼈에 발생하는 질환으로 통증, 골절, 골변형, 혹은 신경학적 증상을 보인다.

드물고, 대부분은 개인의 생존에 영향을 미치지 않은 양성 종양이다. 그리고 드물긴 하지만, 우리의 진화에서 악성 종양 — 돌연변이를 일으킬 능력이 있는 — 의 가능성도 오래전부터 존재했다. 하지만 동물계에서 이런 악성 종양의 진행은 비교적 늦게 나타났다. 이를 통해, 진화의 과정에서 유전적 요인 외에 암의 증가에 결정적인 영향을 미친 다른 외적 요인이 있음을 추정할 수 있다. 그 요인 중에는 수명 연장과 새로운 환경의 노출이 있다.

우리는 인간종의 장수 이야기로 이 책을 시작했다. 노년기까지 생존하는 개체의 수는 가장 가까운 영장류 친척들보다 인간이 매우 높다. 이 독특한 특징이 언제 생겨났는지는 아직 확실히 모르지만 늦게 발생했고, 어쩌면 네안데르탈인에게도 이 특징이 적용될 수 있다. 기대 수명 상승과 수명 연장은 인간 문화 발전의 핵심 요인인 중복 세대Over-lapping generations를 허용했을 것이다. 하지만 모든 일에는 대가가 있고, 더 오래 살면 돌연변이를 겪을 확률도 높다. 그리고 돌연변이를 제거하지 않으면 결국 그것이 종양으로 발전하게 된다. 그렇기 때문에 자연은 해당 집단의 번식에 영향을 끼칠 수 있는 주로 생애 초기 단계에서 유전적 변이를 제거하는 쪽으로 진화했을 것이다. 그러나 플라이스토세에서는 노년기까지 생존하는 경우가 드물었기 때문에 이 작업을 계속 수행하는 일이 최적화되지 않았을 수 있다.

즉 백만 년 전 인간은 종양이 발전하기 전에 먼저 죽었

불완전한 인간

을 것이다. 그에 따라 잠재적인 돌연변이도 물리적으로 자신을 표현할 시간이 부족했을 것이다. 일반적으로 네안데르탈인이 출현하기 이전인 플라이스토세 중기, 인류의 평균 수명은 40~60세로 추정된다. 예를 들어 우리가 가장 고령으로 보는 개체는 스페인의 아타푸에르카의 시마 데 로스 우에소스Sima de los Huesos 유적지에서 확인된 미겔론Miguelón이다. 자연 선택은 80세의 몸에서 이런 문제를 계속 해결하도록 조정되어 있지는 않다. 왜냐하면 그때는 '자연적인 죽음'이 추수를 담당했기 때문이다. 이렇게 인간은 시간을 훔치는 대신 대가를 치를 수밖에 없게 되었다. 나이가 들면 조직의 기능과 감시, 유지 및 복구 시스템도 점점 저하된다. 오래 살면 암에 걸릴 확률도 더 높아지는데, 여기에 노화에 따른 위험 요소까지 추가되는 것이다.

플로리다에 있는 모피트 암센터의 로버트 가텐비Robert Gatenby 박사와 연구팀이 생쥐의 골수로 진행한 연구를 보면 같은 돌연변이라도 젊은 개체와 고령의 개체에서의 활동이 다르다는 결과가 나왔다. 고령의 개체에서는 놀랍게도 암세포의 활동력이 아니라 주변의 '건강한' 세포들의 활동력에서 차이를 보였다. 암세포는 경계를 늦추었고 효율성도 떨어졌다. 이런 연구는 암과의 싸움에서 새로운 행동 목표를 설명해주기 때문에 중요하다. 종양 조직에 집중적으로 ── 또는 여기에만 ── 초점을 맞추지 않고, 주변 조직들의 상태도 신경쓸 수 있게 되었기 때문이다. 진화는 우리에게 축소

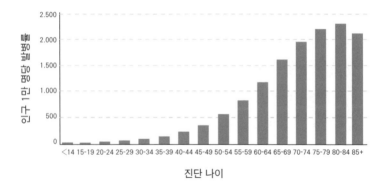

나이별 암 발병률

고령은 암의 주요 위험 요인 중 하나다.

(미국 국립암연구소(NCI)의 질병 감시 역학(SEER) 프로그램 참고)

된 공간이나 한정된 자원으로 경쟁하는 생명체 이야기를 들려준다. 이런 상황에서는 가장 잘 적응하는 것이 우세해지는 방법이다. 종양 세포가 건강한 조직과 경쟁하는 암의 진화에도 같은 원리가 적용될 수 있다. 정상적인 조건에서 건강한 세포는 영양분을 더 잘 얻고 신호를 받을 수 있다. 하지만 종양 주변 환경에 어떤 요인이 영향을 미치면(염증, 조직 노화 또는 암 자체), 건강한 세포는 효율성이 떨어지고 악성 조직이 번성하며 유리한 위치를 차지하게 된다.

오늘날 많은 요인 ── 흡연, 음주, 일광 노출, 발암성 물질 노출, 비만 ── 이 생활 습관과 관련되어 있다고 알려져 있다. 이는 산업화 사회의 전형적인 특징들로 선사 시대에는 거의 없었던 이 요인들은 주변 조직들을 변형시키고 종양 감시 시스템의 효율성을 떨어뜨림으로써 악성 병변의 출현을 부추길 수 있다. 또 방사선 노출 —— 보호되지 않은 상태로 햇볕을 쬘 때 공격하는 자외선부터 병원 진단 영상에 사용되는 X-선에 이르기까지 —— 처럼 누적 요인이 생기고, 계속 쌓이면 노년기에 암이 생길 가능성이 더 커진다.

일부 암, 특히 폐암의 높은 유병률은 잘 알려진 것처럼 담배의 니코틴이나 광범위하게 사용되는 광물의 일종인 석면(폐에 해로운 것으로 판명됨)처럼 점점 더 늘어나고 있는 발암성 물질의 노출 때문이다. 과도한 알코올 섭취 같은 다른 독성 습관도 간이나 식도의 조직을 손상해 잠재적으로 악성 병변 출현을 촉진할 수 있다. 아직 식습관이 어떻게 종양 발달에 영향을 주는지는 잘 알지 못하지만, 예를 들어 음식, 특히 구운 고기나 훈제 고기가 타는 동안 생기는 다환 방향족 탄화수소PAHs라는 화학 물질이 발암 물질이라는 건 잘 알고 있다. 마지막으로 바이러스 및 박테리아와 종양 발달의 연관성에 대해서도 잘 알고 있다. 아마도 가장 잘 알려진 예는 인간 유두종 바이러스HPV: Human Papilloma virus와 자궁 경부암 또는 B형 간염 바이러스와 간암 사이의 연관성일 것이다. 이러한 질병들은 병원체가 면역 체계를 약화할 뿐만 아니라 감염 중에 지속적인 세포 손상을 일으켜 결국 암으로 발전할 수 있다.

이 모든 요인은 시간이 지남에 따라 그리고 다양한 종들 사이에서 환경과 습관을 형성함으로써 특정 집단의 종양 발생 가능성에 분명히 영향을 끼친다. 그런데 그중 대부분은 우리 종이 아직 방어력을 갖추지 못한 새로운 요인이다. 그래서 유전적 요인은 문화적, 환경적 변화보다 영향력이 약해질 것이다. 분명 우리 종의 암 발병률은 장수와 '현대적' 생활 방식으로 인해 선사 시대보다 훨씬 높아지고 있다.

　암의 기원과 행동, 치료에 대해서는 알아야 할 것이 아직도 많이 남아 있지만, 의학의 발전으로 대부분 암의 심각성은 완화되었다. 폭발적인 급성 질환부터 만성 질환까지 암은 우리를 사망에 이르게 할 수도 있지만, 꼭 그런 건 아니다. 암의 심각성이 완화되면 자연 선택에서 노년층의 암을 제거해야 하는 선택압이 줄고, 자연 선택이 우리 종에게 더 '긴급한' 문제나 영속에 더 큰 영향을 미치는 다른 일에 전념하게 하는 게 아닐까 생각해볼 수 있다. 그런 일은 외부 병원체(바이러스, 박테리아, 기생충)로부터 자신을 지키는 일이 될 수도 있다. 몸의 면역 체계는 우리 가계의 생존을 위해 진화적으로 훨씬 더 시급한 문제인 감염으로부터 보호하는 방향으로 진화했을 수 있다. 따라서 종양 방어는 우선순위가 아니라 그저 생식 단계에서 DNA를 복구하는 능력의 혜택일 것이다. 자연 선택은 건강이나 웰빙이 아닌 번식의 극대화에만 관심이 있다. 그렇게 봤을 때 당연히 암은 가장 나중 문제로 밀릴 수밖에 없다.

아이를 위한 나라는 없다

7남매의 대가족 속에서 자란 나는 그런 환경이 얼마나 행운이고 독특한지를 잘 알고 있다. 물론 내가 어렸을 때도 이런 대가족은 흔치 않았다. 최근 수십 년간 출산율[여성 1명이 평생 동안 낳을 것으로 예상되는 평균 자녀 수]은 크게 떨어졌다. 2017년 미국 워싱턴 대학의 의대보건계량평가연구소IHME에 따르면, 1950년 여성의 평균 자녀 수는 4.7명이었고, 2100년에는 1.7명 이하로 떨어질 것으로 예상했다. 통계 수치는 첫 번째 장에서 예상한 세계 인구 고령화와 관련된 모든 문제(낮은 출생률에 비해서 긴 기대 수명)를 넘어, 지난 세기의 생식 패턴에 상당한 변화가 있었음을 보여준다.

선사 시대로 거슬러 올라가면 변화는 더 뚜렷해진다. 산업화 사회로 들어서면서 여성이 첫 아이를 갖는 나이가 점점 더 늦어졌다. 유럽에서 평균 연령은 약 30세로, 수렵 채집 인구의 약 18세보다 훨씬 늦다. 고령화와 관련된 모든 문제를 생각하면, 퓰리처상을 받은 코맥 매카시Cormac McCarthy의 소설 『노인을 위한 나라는 없다No Country for Old Men』라는 제목이 떠오른다. 하지만 또 다른 극단적인 상황인 출생율 붕괴를 생각하면, 오늘날의 모습을 더 잘 보여주는 제목은 '아이를 위한 나라는 없다'가 되어야 할 것 같다.

이런 출생율 변화의 두드러진 원인에는 여성의 직장 생활과 불안정한 경제 상황에서 대가족을 유지하기 위한

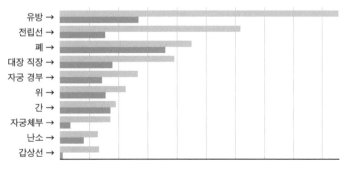

경제적 어려움, 쉬워진 피임 방법이 있다. 시간이 흐르면서 사회의 변화와 인간의 생식 패턴 변화는 여성의 신체에 완전히 새로운 호르몬 환경을 만들고, 이는 생식 기관 조직의 종양 발달에도 영향을 줄 수 있다.

유전적 혹은 가족력으로 인한 암도 있는데, 이런 암들은 후손에게 유전적 발병이 될 수 있는 경향을 전달한다. 보통 암이 유전된다는 것은 자녀에게 암을 물려준다는 뜻이 아니라 특정 돌연변이를 자손에게 전달해서 특정 암에 걸릴 위험이 증가한다는 뜻이다. 최대 10퍼센트 정도가 가족력 암으로 추정되는데, 유방암과 난소암, 결장암 및 내분비

불완전한 인간

계 암이 가장 빈번하다. 또한 잘 알려진 외부 요인도 있다. 이것들은 세포 손상을 일으키며, 결과적으로 비정상적이고 통제되지 않는 조직의 성장을 촉진할 수 있다. 여기에 유전적인 취약성이 더해지면 암이 나타날 가능성이 커지지만, 그렇다고 반드시 암에 걸리는 것은 아니다. 2020년에 세계보건기구에 따르면, 유방암은 폐암을 넘어 세계에서 가장 흔한 암이 되었다. 여성 생식계와 관련된 암, 특히 유방암이 급증하고 이 통계에 국가와 문화 간의 차이가 커지자 증가 원인에 외인성 요인이 있을 수 있다는 우려가 생겨났다. 이에 대해 살펴보자.

월경 주기의 특징은 호르몬 농도의 큰 변화 때문으로, 난소와 자궁 및 유방 조직에 영향을 미친다. 정상적인 월경 기간에 생기는 난소 호르몬 분비가 유방암과 관련 있다는 것은 잘 알려진 사실이다. 그렇기 때문에 일반적으로 여성은 평생 생리 기간이 길수록 유방암에 더 많이 노출된다. 초경 시기가 너무 일러서 완경까지 월경 주기가 많고, 임신이나 수유로 인한 '월경 중단'을 겪지 않은 여성은 여러 자녀를 둔 여성보다 난소암에 걸릴 가능성이 더 크다. 따라서 자녀가 많았던 수렵 채집인 여성은 더 긴 무월경 기간을 보냈기 때문에 산업화 사회의 여성보다 더 보호받았을 것으로 추론하기가 쉽다. 그러나 역사에는 많은 변수가 있다.

보통 경구 피임약은 에스트로겐, 프로게스테론 또는 그것의 유도체와 같은 여성 호르몬의 합성물을 포함하는 약물이다. 이러한 약물 복용으로 인해 여성 호르몬에 민감한 자궁과 유방, 난소 같은 조직에 영향을 미치는 새로운 '호르몬 환경'이 만들어졌다. 이런 피임약은 배란(난소에서 난자가 배출되는 것)을 억제하고, 자궁(자궁내막)과 자궁경부 내막을 변형시켜 임신을 막는다. 현재 일부 경구 피임약은 난소암과 자궁내막암을 예방할 수 있지만, 그로 인해 자궁경부암과 유방암 위험이 증가한다.

아직 이에 대한 구체적인 원리는 알려지지 않았지만, 종종 모순적인 효과를 보이는 여성 호르몬 혼합물Hormonal cocktail에 관해 이야기해보자. 이 혼합물은 유방이나 자궁경부 등의 세포 변화를 유도할 수 있는데, 악성이 될 수도 있지만 반대로 생리주기 억제를 통해 호르몬의 영향으로부터 난소나 자궁내막을 보호할 수도 있다. 이 복잡하고 새로운 상황을 통해 우리는 같은 물질이라도 여러 다양한 회로에서 작용하므로 효과와 부작용 모두 발생할 수 있다는 걸 알 수 있다. 이런 호르몬 효과의 교차 발생은 특히 현대 사회에서 많이 나타날 뿐만 아니라 그 형태도 다양하다.

인간은 다른 대형 영장류와는 달리 성과 결혼에 대한 문화적 규범과 개인의 선호도를 발전시킴으로써 출산 조절에 직접적인 영향을 받았다. 그 결과 자연 선택이 우리에게 적용할 수 있는 보편적인 해결책을 찾기가 더 복잡해졌다. 왜냐하면 각 개인이 곧 하나의 세계이기 때문이다. 사회에는 자녀가 많은 여성부터 없는 여성까지, 젊은 어머니부터

불완전한 인간

나이 든 어머니까지 다면적인 범위의 생식 패턴이 있다. 이런 다양한 사례들로 인해 자연 선택은 자신의 일을 정확히 해내기가 훨씬 더 어려워졌을 것이다.

잠재적인 부작용이나 금기가 없는 약은 없다. 하지만 장단점을 따져본 후에 안 좋은 점보다 이익이 많다고 판단하기 때문에 약을 선택한다. 일반적으로 새로운 적응은 기존 기술을 없애거나 그 실행의 정확도를 떨어뜨릴 수 있지만, 또 다른 상황에서 생존의 기회를 열어주기도 한다. 살아가는 일에도 부작용이 없는 건 아니다. 앞서 시대와 사회마다 위험이 존재하고, 생활 방식마다 장점뿐만 아니라 단점도 있다는 사실을 확인했다. 심지어 이런 문제 중 일부는 너무 최근에 발생해서 아직 자연 선택의 체를 통과하지 못한 것도 있다.

앞으로 사람들은 ── 아직은 시간 여행이 발명되지 않아 선택할 수 없지만 ── 자신이 어떤 시대에 태어나고 싶은지, 어떻게 죽고 싶은지를 생각해볼 수 있게 될지도 모른다. 그러면 어떤 사람들은 제임스 딘처럼 짧게 사는 편을 선택해 젊고 멋진 모습을 남기고 싶어 할 것이다. 또 누군가는 모든 '부작용'에 지치더라도 오래 살고 싶어서 그 대가(암도 그중 하나)를 기꺼이 치를 것이다. 하지만 인간이 죽음을 피할 수 있는 사회, 문화, 생활 방식이 없다는 것은 보편적 진리다. 우리는 '인생은 딱 한번이다'는 말을 자주 한다. 하지만 이 말에는 '아니, 매일 살고 딱 한 번 죽는다'고 반박할 수 있을 것이다.

사형 집행인에게 매롱하기

"다음날 아무도 죽지 않았다. 이 사실은 삶의 규범에 완전히 거스르는 것이기에 사람들의 정신에 엄청난 동요를 일으켰다." 노벨상 수상자인 주제 사라마구José saramago 소설 『죽음의 중지As Intermitências da Morte』는 이렇게 시작된다. 이 책은 더는 사람들이 죽지 않는 나라의 이야기를 담고 있다.

이것은 단순해 보이지만 엄청나게 충격적이고 비이성적인 생각이다. 왜냐하면 죽지 않는 것보다 더 부자연스러운 일은 없기 때문이다. "당연하다. 죽는다는 건 일상적이다. 죽음은 예를 들어 전쟁이나 전염병이 발생할 때처럼 급격히 증가할 때만 우려스러운 일이 된다. 즉 그들이 일상에서 벗어날 때 말이다." 모든 사회에는 '정상적인 죽음과 놀라운 죽음'이 있고, 이 책에서 볼 수 있듯 어떤 죽음은 시대의 표징이다. 이 포르투갈 작가의 아이러니한 소설은 "인간이 우리 머리를 베려는 사형 집행인에게 할 수 있는 건 매롱하는 것뿐이다"라고 말했다. 그러나 나는 과학을 통해 호모 사피엔스가 사형 집행자에게 매롱하는 것 외에 많은 일을 할 수 있다고 감히 말하고 싶다. 우리는 사형 '집행 방식'을 조사하고 예상하며, 때때로 집행자가 방심하는 틈을 타서

몇 시간 동안 도끼를 감추고 더 많은 시간을 살 수도 있다. 암은 갈수록 죽지 않아도 되는 질병으로 변하고 있고, 암이라고 늘 죽는 것도 아니다.

정부는 "죽음의 소멸이 초래할 수밖에 없는 복잡한 사회, 경제, 정치, 도덕적 문제를 시민들의 필수적인 지원과 용기로 직면하기로 했다." 주제 사라마구는 이런 섬뜩한 유머를 통해 죽음이 정상적인 삶의 일부이며, 죽음의 파업이 어떻게 인간 사회를 혼란에 빠뜨리는지를 이야기한다. 앞서 말한 것처럼, 특히 우리 종은 사이프러스 나무의 긴 그림자 아래서 살아가고 있다. 우리는 인간의 유한성을 알고 있을 뿐만 아니라 언제, 왜, 어떻게 죽는지 탐구하는 일에 관심이 많다. 그리고 "죽을 것을 아는 인간을 죽이는 것과 죽을 것을 절대 모를 말을 죽이는 것이 과연 같은 죽음일까"를 스스로 묻는다. 이것은 우리 종의 또 다른 특징 중 하나로, 죽음은 우리 종에게 한순간도 눈을 떼지 않는다. "심지어 아직 죽지 않을 이들조차 죽음의 시선에 끊임없이 쫓기고 있다고 느낄 정도다."

스페인의 철학가이자 시인이며 소설가인 미겔 데 우나무노Miguel de Unamuno가 말했듯, "고민할 필요가 없다. 살아있기 때문에 죽는 것이다."

그렇게 러시안룰렛은 계속된다.

6

평행이론

감염과 전염병에 대하여

나는 코로나19 회복 기간에 이 장을 쓰기 시작했다. 이 질병을 상대적으로 약하게 앓은 행운아 중 한 명이어서 그것에 대해 이야기할 수 있다는 뜻이다. 1년 동안 가능한 모든 방법을 동원해 바이러스를 피했지만, 안타깝게도 우리나라에 밀려온 '4차 대유행' 시기에 걸려들고 말았다. 코로나바이러스 대유행이 전 세계적으로, 그리고 각 개인의 삶에 어떤 의미가 있는지는 굳이 더 말할 필요가 없을 것 같다. 바이러스는 우리의 일상과 이동 및 작업 방식, 사회적 관계, 가족과의 상호작용, 직업과 여가 계획에 엄청난 영향을 미쳤다. 우리 존재의 모든 영역에 손길을 뻗었고, 함께 모여서 번성하도록 진화한 종에게 그 '본성을 거스르는' 규칙들을 부과했다. 사실 지금 살아 있는 사람 중에 또 다른 팬데믹 — 비슷한 특성을 가진 마지막 독감은 1918년 스페인독감 — 을 기억하는 사람은 아무도 없다. 따라서 이 질병에는 그 심각성에다 초현실적인 상황에서 느껴지는 불확실성과 취약성까지 더해졌다.

하지만 그때 상황을 자세히 뒤돌아보면, 대규모 감염이 인류, 특히 호모 사피엔스 종의 충실한 동반자임을 알게 될 것이다. 팬데믹은 현대성의 표시라고 할 수 있는데, 이 말에는 모순이 담겨 있다. 누군가는 이 말을 듣고 분개하며 '어떻게 그런 말을 할 수 있는가?'라며 나를 비난할지도 모르겠다. 어떻게 아주 작은 미생물이 일으킨 취약성을 현대성이라고 할 수 있을까? 인간은 스스로 무적이라고 생각했는데 우리 사회, 우리 삶의 방식은 아무도 예상치 못한 방식으로 흔들리고 말았다. 그렇게 자부심이 강했던 사피엔스가 무자비한 타격을 받았다. 어떻게 그것을 현대성의 표시로 볼 수 있는 걸까? 이 무슨 진화의 졸작이란 말인가?

공격과 반격

질병에게 몸은 곧 군인이자 전쟁터다. 환자가 의학 용어로 '숙주'인 이유는 다른 생물학적 존재와 마찬가지로 스스로 번식하고 영속시키려는 병원체 ― 바이러스, 박테리아, 곰팡이, 기생충 ― 에게 서식지를 제공하기 때문이다. 이것이 다윈이 말한 '생존을 위한 투쟁'이다. 우리가 볼 때 인간

불완전한 인간

이 질병을 방어하고 회복하려고 노력하는 것은 당연하다. 하지만 인간중심주의Anthropocentrism로 인해, 병원체도 그들의 생존을 위해 싸우고 자연 선택의 지배를 받는다는 사실을 쉽게 잊는다. 우리 몸은 감염이 되면 특히 면역 체계의 활성화를 통해 가능한 모든 방어 수단을 배치해 감염원을 중화하거나 소멸시키려고 한다. 하지만 동시에 병원체도 그 반격에 무너지지 않으려고 안간힘을 쓰고 우리의 무기를 피할 것이다. 랜돌프 네스Randolph Nesse와 조지 윌리엄스George Williams가 쓴 『인간은 왜 병에 걸리는가Why We Get Sick』의 표현을 빌리자면, 숙주와 병원체 간의 전투는 진정한 군비 경쟁이라고 할 수 있다. 두 전투원 모두 적응 수준을 유지하고 전투에서 승리하기 위해 가능한 한 신속히 반응한다.

몸에는 미생물을 방어하는 여러 메커니즘이 있다. 첫 번째는 침입을 어렵게 할 장벽을 세워 노출을 막고 전염 기회를 줄이는 것이다. 위생 습관과 사회적 거리두기, 마스크 사용, 이동 제한과 격리 등 코로나19 대유행 동안 우리가 지켜야 했던 많은 조처와 실천이 이 서랍에 들어간다.

이 단계에서 전염을 피할 수 없다면 우리 몸은 다른 싸움 메커니즘을 사용할 것이다. 그중 하나가 바로 열이다. 아프고 열이 오를 때 하는 첫 대응은 진통제를 복용해 체온을 낮추고, 가능한 한 신속하게 불편함을 없애는 것이다. 하지만 고열은 병원체가 우리 몸에 끼치는 손상이나 체온 조절 메커니즘의 오류가 아니다. 실제로 아주 성가신 일이긴 하지만, 숙주에게 '유리한' 진화 메커니즘이 복잡하게 활성화되어 나타나는 현상이다. 몸에 침입하는 대부분의 병원체는 평균 정상 체온인 37°C 부근에서 가장 잘 번식한다. 따라서 체온을 높임으로써 침입한 병원체에 불리한 환경을 조성해 번식을 어렵게 만든다. 또한 열은 우리 내부의 화재 가능성을 경고하는 연기처럼 경보 시스템으로 작동한다. 불이 어디에서 나는지는 몰라도 체온이 높으면 불이 난 곳을 찾아야 할 필요성을 깨닫게 해준다. 그렇다고 열을 살펴보지 말라거나 조절하지 말라는 뜻이 아니다. 나도 열이 나면 당연히 의사의 조언을 구하고 따르라고 강력히 권고한다. 다만 열을 성가신 일로 생각하기보다는 방어나 경보로 이해하는 것이 중요하다는 뜻이다.

경보 시스템 역할을 하는 열의 유용성은 소설 『마의 산』에 잘 표현되어 있다. 혹시 토마스 만Thomas Mann이 쓴 이 불후의 소설을 읽어보았다면, 나처럼 열을 떠올렸을 때 불안한 마음이 들 가능성이 크다. 이 소설 제목은 스위스 산에 있는 고급 요양소를 가리키는데, 19세기 초 항생제 치료가 발견되기 전 가장 치명적인 질병인 결핵 환자를 치료하는 곳이었다. 그곳은 우리가 사는 곳과 완전히 다른 별개의 세상으로 묘사된다. 그 안에는 엄격한 일상과 해먹에 누워 쉬는 시간제 치료, 신선한 공기와 식사, 모임, 파티 및 일상 기록, 다른 시간대로 흐르는 삶, 요양원 내 입원 기간과 '질병의 정도'에 따라 완벽한 계급으로 조직된 사회가 존재한다. 질병의 심각성이 곧 계급장인 셈이다.

『마의 산』은 읽기보다는 등반해야 하는 거대한 책이다. 독자는 그 산 위에서 인간 본성에 대해 고도로 지능적인 심리적 초상화를 바라보게 된다. 환자들은 질병이 두루 퍼져 있는 곳에서 죽음과 밀고 당기느라 고군분투하며 하루를 보낸다. 아프다는 것이 곧 삶의 방식이 되어버린다. 그런 일상에서 체온 측정은 강박적 행위가 된다. 환자들은 체온계의 폭정에 맞선다. 그들의 상태와 상관없이 체온계는 환자가 요양소를 떠날 수 있는지를 결정하는 무자비한 판사 역할을 하기 때문이다. 나는 코로나19로 고통받는 중에 열을 내리는 약의 처방전을 기다리며, 이 세상이 수많은 마의 산으로 이루어져 있고, 결국 우리 모두 소설 속 주인공들인 한스 카스토르프나 요아힘 지엠센이라는 생각이 들었다. 우리는 걱정 속에 둘러싸여 살며, 우리의 열과 고민과 의심과 불편함을 통제하고, 체온계를 자세히 살펴본다. 그렇게 삶이 배꼽 주위에 지은 요양소에서만 일어난다고 확신한다. 잠깐 샛길로 샌 것을 용서해주길 바란다. 다시 하던 말로 돌아가 보자.

우리 몸은 고열뿐만 아니라 배출이라는 또 다른 전략도 갖고 있다. 이 역시 불편하지만 숙주에게 유리하며, 몸에서 병원체를 제거하는 방법이다. 구토와 설사, 점액, 기침이 이에 해당한다. 독소가 든 음식을 섭취하면 몸은 음식이 흡수되기 전에 계속 배출하려고 애쓴다. 구역질에 구토까지 더해져 위급한 상황을 더 악화시킬 수 있는 어떤 음식도 먹지 못하게 막는다. 또한 소화관의 다른 쪽 끝에서는 설사를 통해 곧장 적을 내쫓는다. 숨이 막힐 때는 기침이 우리를 구해주지만, 호흡기가 감염될 때는 감염된 점액을 뱉어냄으로써 세균을 외부로 끌어낸다. 또한 요도 감염에 걸리면 소변을 더 자주 보게 된다. 잦은 소변을 통해 요도를 덮고 있는 표면 세포들과 병원체들이 배설되면서 관을 청소하는 데 도움이 되기 때문이다.

이렇게 모든 증상에는 다 이유가 있어 보인다. 이런 과정들은 시스템 오류가 아니라 자신을 방어하기 위한 전략인 셈이다. 하지만 이런 도구들은 두 주인을 섬길 수 있다. 만일 분비물이 과도하거나 재채기와 기침을 너무 많이 하면 오히려 오염된 분비물이 전파와 전염을 촉진해 병원체에게 호의를 베푸는 꼴이 되기 때문이다. 즉 박테리아와 바이러스는 교묘하게 우리를 조종해서 그들의 목표 달성에 이바지하게 한다.

그들의 조종은 정교하다. 그렇다고 우리가 너무 아픈 것이 병원체에게 늘 좋은 건 아니다. 감기를 예로 들어보자. 감기 바이러스의 이상적인 시나리오는 감기에 걸린 사람이 적당히 아파서 계속 어느 정도 일상적인 생활을 하고 돌아다니면서 기침, 콧물, 재채기로 가족과 친구들에게 감기를 퍼뜨리는 것이다. 반면 말라리아처럼 모기로 전염되는 질

불완전한 인간

병은 환자 상태가 너무 심각해서 자신을 지키지 못하는 상황이 되는데, 흥미롭게도 이 경우 병원체(말라리아 원충)에 더 유리하다. 왜냐하면 전염의 매개체인 모기가 무방비 상태에 놓인 불쌍한 환자를 계속 괴롭힐 수 있기 때문이다. 역학 자료가 이런 가정을 뒷받침하는데, 매개체(모기, 오염물)를 통해 전파되는 병원체로 생기는 질병이 개인 접촉으로 전파되는 경우가 많다. 숙주 조종의 가장 대표적인 예 중 하나는 광견병 바이러스 감염이다. 이것은 주로 감염된 개에게 물림으로써 발생한다. 몸 안으로 들어간 바이러스는 환자의 신경계를 손상하고, 과민성과 공격성을 유발할 수 있다. 다른 사람들을 공격하고 물고 싶게 만들며, 그렇게 감염된 타액을 통해 다른 사람을 전염시킨다. 이 질병은 그 증상 자체적으로 지속되는 전략을 담고 있다.

이런 숙주 조종은 질병의 독성 및 중증도의 변화를 알려준다. 만일 인구 규모가 크면 바이러스는 훨씬 더 치명적일 수 있고, 숙주 중 몇몇을 제거할 수도 있다. 왜냐하면 그 군대 — 이 경우는 사람 — 에는 감염을 퍼뜨리기 쉬운 병사들이 넘치기 때문이다. 반면 인구 규모가 작으면 병원체는 숙주가 죽거나 병에 걸리는 것에 관심이 없다. 집 안 침대에만 누워 있으면 감염에 거의 도움이 되지 않아 접촉 및 확산 가능성이 줄어들기 때문이다. 따라서 병원체는 상황에 따라 통증과 불쾌함을 조절할 수 있으며, 이것들은 특정 질병의 역사에서 변이를 설명한다.

미래를 상상하는 능력의 힘

지금까지의 이야기만 들어보면 다소 암울해 보일 수도 있지만, 실망하지 말길 바란다. 이제 좋은 이야기가 나올 차례다. 아직 인간에게는 두 가지 훌륭한 전략이 남아 있다.

그중 첫 번째는 척추동물, 특히 포유류의 공통 전략이다. 바로 강력한 화학 무기를 휘두르는 고도로 전문화되고 조직화한 세포 군대인 면역 체계다. 여기에는 대식세포가 있다. 이것은 경찰 세포로 계속 돌아다니며 침입자(오물 입자, 암세포, 박테리아 단백질)를 잡아서 T세포 또는 보조 세포가 이용할 수 있게 만든다. T세포는 백혈구들을 계속 자극하고, 백혈구들은 특정 단백질(항체)을 생성한다. 이 단백질은 특별히 침입 인자의 표면에 있는 다른 단백질(항원)과 결합하도록 설계되어 있어 그것을 없앨 때까지 차단하고 공격한다. 몸은 처음 적을 만나면 대면한 기억을 저장하기 때문에, 다음에 만나면 항체 생산이 방대하고 빠르게 이루어진다. 그러나 싸움은 여기서 끝나지 않는다.

그러면 병원체들은 우리의 방어를 피하고자 돌연변이를 일으킬 수 있다. 새로운 변종이나 균주를 만들어서 더 치명적으로 되고 감염 및 확산 능력을 최적화한다. 이런 돌연변이는 '항생제 내성'의 원인이기도 하다. 항생제를 잘못 사용하면 박테리아를 죽이지는 못한 채 상처만 주고 끝나게 되는 것이 그 예다. 그럴 때 박테리아는 그 공격에서 생존함

불완전한 인간

과 동시에 마치 스파이처럼 귀중한 비밀까지 얻게 된다. 박테리아는 우리 무기를 직접 보았고, 그 약에 대한 특정 방어 방법까지 배우게 된 것이다. 생물 의학 연구 자선 단체인 웰컴 트러스트Wellcome trust의 예측에 따르면, 항생제 사용 또는 남용으로 인해 내성 박테리아가 더 많이 생성되고 있다. 따라서 2030년부터는 기존의 방법들이 많은 경우에 효과가 없어지기 때문에, 오늘날의 '평범한' 감염만으로도 사망에 이르게 될 것이라고 한다.

그런 점에서 인간의 상황은 불리하다. 생명 주기가 우리보다 훨씬 짧은 바이러스나 박테리아처럼 빠르게 변형될 수 없기 때문이다. 최적의 조건에서 단일 박테리아는 30분만에 성숙하고 분열할 수 있다. 이 말은 각 번식 과정에서 항생제에 내성을 갖는 변종이 될 기회가 생긴다는 뜻이다. 이런 유전적 요인은 박테리아 딸세포들에게 빠르게 전달될 것이다. 이 자손은 단일 세포에서 유래하기 때문에 보통 저항성 모체와 같은 유전적 요인을 가질 것이다. 우리의 면역 공격에 덜 취약한 감염성 변이체는 생존율이 더 높아진다. 따라서 그들의 유전자는 미래 세대의 병원체에서 더 잘 나타날 것이다.

반면에 인간의 수명 주기는 길어서 감염원으로부터 보호하는 태어날 때부터 '만들어진' 면역을 개발하기는 훨씬 더 어렵다. 따라서 적응 면역Adaptive immunity 또는 특이적 면역Specific immunit*으로 알려진 방어 세포(항체)의 양에 변화를 주면서 공격에 대응한다. 우리가 보는 것처럼 이런 항체들과 다른 '외부' 메커니즘의 개발로 인간은 무자비한 무기 경쟁에서 반격을 가한다. 휴식이란 없다. 이는 마치 자전거 위에서 사는 삶과 같은데, 균형을 유지하는 유일한 방법은 움직이는 것, 즉 계속 페달을 밟는 것뿐이다. 그런데 이때 바로 인간의 비장의 무기인 백신이 등장한다.

생물 의학 연구를 통해 인간은 적의 전략을 밝혀냈고, 그것을 중단시킬 방법을 고안했다. 뛰어난 지적 능력을 갖추고 세상이 움직이는 방법을 이해하려는 욕구로 무장한 인류는 우리 몸의 작동 원리에 대한 많은 비밀을 발견했다. 미생물을 무장 해제하거나 신체 손상을 줄이기 위한 치료법, 의약품 개발 방법을 알아냈다. 또한 상처를 꿰매고, 종양을 제거하고, 신장을 이식하고, 탈장을 줄이고, 의족을 삽입하고, 막힌 관상 동맥을 뚫는 법을 배웠다. 인간의 방어적 반응은 동물 세계에 놀라운 반전을 보여준다. 우리는 질병에 정확하고 신속하게 대응 ── 진통제, 항생제, 항응고제, 방부제, 항진균제, 수술 등 ── 할 수 있을 뿐만 아니라 예방도 할 수 있게 되었다. 구체적으로 말하자면, 면역 체계가 어떻게 작동하는지 이해함으로써 미생물 공격과 우리 몸의 반격을 마치 실제로 일어나는 것처럼 세포 수준에서 재현

＊   적응 면역과 특이적 면역은 선천적 면역과 달리 후천적으로 예방 접종 등을 함으로써 얻어지는 면역을 뜻한다.

할 수 있게 되었다. 그래서 감염이 발생했을 때 필요한 무기를 제공할 수 있게 되었다. 그것이 바로 백신이다.

백신은 기본적으로 병원체(또는 그것의 파편)를 죽이거나 약화시켜서 인공적으로 합성한 생물학적 의약품으로, 질병을 일으킬 수 없다. 오히려 이런 미생물들은 면역 체계가 적을 인식하고 '그들의 지문을 기억하며' 전체 방어 반응을 준비할 수 있도록 매우 특이적인 부분을 보존한다. 이것을 '항원'이라고 하는데, 마치 미생물의 '지문'과 같다. 백신을 맞은 몸은 항체를 생성하기 시작해서 감염이 생기면 즉각 반응한다. 이 반응은 매우 효과적이어서 바로 병원체에 대한 모든 무기를 내놓을 것이다. 이런 방식으로 백신은 치명적이거나 심각한 후유증을 남길 수 있는 질병에 걸리지 않도록 몸을 보호할 뿐만 아니라, 병원체가 생존할 수 없도록 전염 경로를 차단해 결국은 우리와 다른 사람을 보호하고, 근본적으로 사회성이라는 종의 본질을 구한다.

백신을 만드는 것은 자연 세계에 대한 놀라운 이해이며, 인간의 놀라운 지적 기능인 추상화 능력의 가장 화려한 표현이다. 단순히 치료하는 것이 아니라 질병을 예방한다는 것은 인간의 상상이 가상의 시간, 즉 미래에도 기능할 수 있는 능력을 갖춘다는 뜻이기 때문이다. 우리는 실제로 일어나지 않았지만 우리를 위협할 수 있는 일련의 위험과 반격에 대비한다. 우리에게 필요한 건 점쟁이가 아니다. 과학을 통해 공격받을 수 있는 미래를 밀리미터 단위의 정확도로 시각화할 수 있다. 아직 발생하지 않은 공격에 앞서 공격을 무력화할 무기 제조를 할 수 있다. 우리는 공격을 기다릴 필요가 없다. 그것을 '상상'할 수 있으므로, 가능한 전투에 대비해 훈련할 수 있다.

만일 여러분이 나처럼 SF 장르의 팬이라면, 예방 의학과 백신에서 유크로니아Uchronia, 즉 존재하지 않지만 존재할 수 있는 세계나 역사의 논리적 재구성의 매혹적임을 알 것이다. 우리는 유크로니아처럼 예방 의학을 통해 실제로 존재하지는 않지만 존재할 수 있는 시간의 흐름을 만듦으로써 지식을 투사하고 미래를 연습해볼 수 있다.

그런데 우리는 왜?

전염병 징후와 관련된 화석 기록을 연구하는 일은 암을 추적할 때와 비슷한 어려움을 겪는다. 이 병의 징후는 주로 장기 및 연한 조직(주로 호흡기, 신경 및 소화계)에 영향을 미치므로 진단 방법이 제한적이고 뼈에 흔적을 남긴 증상 쪽으로 편향된다. 과거의 감염 증상들을 조사할 수 있는 또 다른 방법은 우리를 공격하는 미생물의 DNA를 분석하고, 진화 역사를 재구성해 언제 인간을 공격할 수 있는 능력을 얻었는지 알아내는 것이다. 지금 우리 종에게 많이 나타나는 주요 전염병은 상대적으로 '신종'으로 보이는데, 1만 년 전 화석에서는 그에 대한 골격 증거들이 없기 때문이다. 앞으로 살펴볼 것처럼 우리 생활 방식은 이전 사람들에 비해 크게 변했다.

이보다 더 오래된 몇 가지 예외적인 사례가 있지만 여전히 논란의 여지는 있다. 튀르키예에서 발견된 약 50만 년 된 두개골 조각이 있는데, 이 문제의 화석은 이마뼈 안쪽에서 일련의 변형을 보인다. 둥글고 도톨도톨한 흔적들로, 신경계를 감싸는 막인 뇌척수막의 염증 과정에서 만들어진 것으로 추측된다. 이 연구를 수행한 텍사스 대학의 존 카펠만John Kappelman 박사에 따르면, 이런 병변은 수막에서 나타나는 '결핵균' 감염의 변종인 결핵성 연수막염Leptomeningitis tuberculosa의 특징이다. 그의 팀은 결핵을 이 호미니드가 고위도 생활에서 적응하지 못했을 가능성과 연관시킨다. 이러한 지역은 일사량이 아프리카보다 적기 때문에 자외선의 도움이 필요한 비타민D 체내 생성에 영향을 미칠 수 있다. 비타민D는 칼슘 흡수에 필수적이어서 결핍이 심하면 뼈가 변형되는 구루병이 생긴다. 뿐만 아니라 우리 면역 체계의 조절 호르몬으로 알려져 있는데, 수치가 낮으면 '결핵균'에 의한 전염병에 걸릴 가능성도 커진다.

그러나 이 두개골 변이를 결핵으로 해석하는 것에는 여전히 논란의 여지가 있다. 이는 별개의 사례이고 두개골 병변이 결핵의 결정적인 병리학적 특징이 아니기 때문이다. 사실 나는 이런 뼈의 모양이 '전두골내면과골증Hyperostosis frontalis interna'으로 알려진 다른 병변과 비슷할 수 있다고 본다. 내가 브래드퍼드 대학의 크리스토퍼 크뉘셀Christopher Knüsel 교수 연구실에서 연구원으로 있을 때 처음 정정한 이 증상은 이마뼈 비대 유형에 해당한다. 대개 양성이고 무증상이며, 주로 호르몬 불균형으로 인해 완경기 여성에게 나타날 수 있다.

또 다른 의견들도 있었는데 내가 볼 때는 다소 황당한 내용이었다. 그중 하나는 전염성해면상뇌병증[Transmissible spongiform encephalopathy, TSE: 광우병 같은 질병을 포함하는 신경계의 치명적인 감염 집단]인데, 네안데르탈인의 멸종 원인이 식인 풍습 때문이라는 의견이었다. 아직 원인에 대한 자료는 부족하지만 가장 널리 받아들여지는 이론은, 이런 뇌병증Encephalopathy이 구조가 비정상적인 세포 단백질인 프리온Prion으로 유발되고, 그 구조 변화로 전염 능력을 갖춘다는 것이다. '광우병'은 감염된 소의 내장, 고기, 뼈를 섭취함으로써 걸릴 수 있다. 옥스퍼드 대학의 사이먼 언더다운Simon Underdown 박사에 따르면, 네안데르탈인이 인육이나 내장을 섭취해 전염성해면상뇌병증(TSE)에 노출되었을 수 있다. 하지만 이 가설이 관심을 끌 수는 있지만 이를 뒷받침할 객관적인 자료는 아직 없다. 그리고 식인 풍습을 실천하는 우리 종이 여전히 주변에 있다는 사실을 잊지 말자.

몇몇 의심스러운 사례를 제외하고 화석 증거를 보면 인류 집단에서 감염병이 나타난 시기는 약 1만 년 전으로 일치한다. 우리가 살펴볼 분자적 증거는 더 이전, 5만 년에서 10만 년 사이를 가리키지만 그 이상은 아니다. 이유가 뭘까? 감염에 취약한 '원인'이 될 만한 결정적 요인은 없는 것일까? 1만 년의 진화에도 이 문제를 해결하지 못한 이유는 무엇일까?

코로나19 대유행을 지나는 동안 우리는 '특정 감염자가 생성할 것으로 예상되는 새로운 감염의 평균수'인 R0 또는 '기초감염재생산수'와 같은 개념에 익숙해졌다. 이 수치는 애덤 쿠차르스키Adam Kucharski가 그의 저서 『수학자가 알려주는 전염의 원리The Rules of Contagion』에서 제안한 대로 DOTS, 즉 네 가지 주요 요소에 따라 달라진다. DOTS는 전염성이 있는 기간Duration, 전염성이 있는 동안 질병을 퍼뜨릴 기회Opportunities, 기회가 전파로 이어질 확률Transmission, 인구의 감염 감수성Susceptibility의 약자다. 이중에서도 호모 사피엔스의 생활 방식은 감수성과 기회라는 두 요소에 직접적인 영향을 받았다.

감수성은 감염원이 그 생물을 식민화할 수 있어야 한다는 사실을 보여준다. 바이러스와 박테리아가 모든 생물을 공격할 수 있는 건 아니다. 그러나 병원체는 돌연변이를 일으킬 수 있고, 돌연변이는 이전에는 접근이 금지되었던 동물 감염 같은 새로운 특성을 가질 수 있다. 이 메커니즘이 인간을 괴롭히는 많은 전염병의 기원이고, 아마 코로나19도 여기에 포함될 것이다. 코로나19에 대해 가장 많이 논의되는 이론 중에는 이 호흡기 바이러스가 '인수공통전염병'에서 유래했다는 의견이 있다. 여러 원인 가설 중 감염된 야생동물의 섭취나 감염된 박쥐에 물린 경우가 있다는 것이다. 아마도 이 바이러스는 전염 사슬 어딘가에서 돌연변이를 일으켜 인간에게도 피해를 주는 '힘'을 얻었을 것이다.

또 다른 고전적인 예는 후천성면역결핍증후군AIDS이다. 우리 면역 체계에 영향을 주어 방어 능력을 바꾸는 바이러스성 질병으로, 결핵이나 폐렴 같은 일명 '기회감염[Opportunistic infection, 건강할 때는 질병을 일으키지 못하던 병원체가 병원체를 막는 신체 기능이 저하되면 감염 증상을 유발하는 것]'에 취약하게 만든다. 그후 우리의 취약한 방어 능력을 '이용해' 증식한다. 후천성면역결핍증후군의 기원은 인간이 아닌 영장류에 영향을 미치는 원숭이면역결핍바이러스SIV라는 바이러스에 있다고 보고 있다. 중앙아프리카에서 감염된 침팬지를 사냥하고 섭취함으로써 이 바이러스의 돌연변이를 일으켰을 것으로 추정되며, 이때 인간을 감염시킬 수 있는 능력이 생겼을 것이다. 공존이나 감염 물질 섭취를 통한 가까운 접촉은 바이러스나 박테리아가 잠재적인 희생자 — 이 경우는 인간 — 를 확장할 수 있는 변이를 만드는 완벽한 환경을 제공한다. 이로써 바이러스나 박테리아가 인체에서 증식에 성공하고 계속 존속할 수 있다.

이런 사례를 들자면 끝이 없다. 동물은 인간을 쉽게 감염시킬 수 있는 병원균의 저장소다. 동물과 가까이 살게 되면서 일부 병원체가 동물에서 인간으로 쉽게 옮겨갔다는 뜻이다. 그 반대도 마찬가지다. 병원체는 번식하기 위한 본부가 필요하고, 증식할 몸 — 예를 들어 우리 몸 — 을 빌려야 한다. 본의 아니게 병이 든 인간은 적을 지탱하고 널리 퍼지도록 돕는 군대의 지원병이 된다. 병원체는 우리의 방어 체계를 이용해 후손을 다른 숙주들에게 전파한다. 기침과 재채기, 점액, 분비물은 바이러스와 박테리아가 다른 사람들에게 도달할 수 있는 완벽한 매개체인 셈이다. 약 1만 년 전인 신석기 시대에 기록된 가축화에서 시작된, 동물과의 긴밀한 공존을 선호하는 문화의 발달은 바이러스와 박테리아가 인간을 공격하기에 완벽한 환경을 조성했다.

인간은 동물을 포획하고 길들이고 기르며, 자원(우유, 양모, 고기)이나 운송, 승용, 쟁기질을 위한 동물의 능력을 활용하면서 살아가는 데 필요한 것을 안정적으로 얻게 되었다. 이것은 불확실한 성공률의 사냥보다 더 예측 가능한 일상적인 공급이었다. 가축 먹이를 위한 사료 재배, 이동할 필요 없이 안정적 식량 공급원을 제공하는 가축화와 농업은 정착 생활을 촉진했고, 그렇게 인구 밀집 지역에 사람들이 모이게 되었다. 그 결과 최초의 마을과 도시가 생겨났다. 우리는 점점 더 밀집된 집단을 이루며 함께 살기 시작했고, 몇몇 경우는 혼잡해졌다. 인류 역사를 통틀어 결핵과 간염, 매독, 천연두, 발진티푸스, 홍역 등의 전염병은 문명의 발달에 따른 부작용으로 등장했다. 구약성서에 언급된 재앙들부터 중증급성호흡기증후군 코로나바이러스에 이르기까지 현대 인류와 함께 걸어온 많은 질병들은, 병원체가 왔다가 '머물' 수 있을 만큼 인구가 충분히 모였을 때 나타났을 가능성이 매우 크다. 즉 풍토병이 된다. 이는 숙주를 감염시키는 능력(감수성)에 병원체의 생존을 위한 또 다른 기본 요소인 '기회'가 더해진 것이다. 높은 인구 밀도는 미생물이 확장할 기회를 배가시켰다.

　병원체의 분자 분석은 우리 종이 5만 년에서 10만 년 사이에 감염병이 퍼질 수 있는 최소 인구 밀도에 도달했음을 보여준다. 아프리카 대륙 밖에서 발견되는 호모 사피엔스 최초의 화석 증거가 바로 이 기간에 해당한다. 우리 종이 다른 대륙으로 모험을 떠난 이유는 분명하지 않지만, 영토를 확장하고 정착하기 위해서는 분산과 안정적 식민지화가 가능한 인구압(인구수와 생활공간과의 관계가 균형이 맞지 않을 때 사람의 생활에 압박을 받게 되는 현상)이 필요하다는 사실에는 의심의 여지가 없다. 우리 종이 아프리카 밖으로 처음 나온 이 시기는, 장티푸스나 말라리아 원인균과 같은 특정 병원체가 인간에 대한 특유의 병원성 능력, 즉 감염을 통해 질병을 일으킬 수 있는 능력을 획득한 시점과 일치한다.

　장티푸스는 장티푸스균으로 발생하는데, 주로 오염된 음식과 물을 통해 분변-구강 경로로 전염되는 전신병*이다. 임페리얼 컬리지 런던의 클레어 키드젤Claire Kidgell 박사에 따르면, 이 병원체는 약 5만 년 동안 인간 안에만 있었고 동물 저장소는 알려진 게 없었다. 따라서 '장티푸스균'과 인간 종의 연관성은 목축과 가축화 이전에 있었을 것이다. 그렇다면 박테리아가 밀접 접촉과 전파하기에 충분한 인구 밀도 덕분에 우리 사이에서 살아남았을 것으로 추측할 수 있다. 그외 대규모 인간 병원체 중에 이질균 —— 대체 숙주가 알려지지 않았다** —이 있는데, 심각한 위장병을 유발하는 이질의 원인이다. 약 10만 년 전부터 생긴 인간의 병원성과 비슷한 역사를 갖는다. 이 역시 목축과 가축화와는 관련이 없고, 아마도 구석기 시대의 확장을 촉진한 높은 인구 밀도가 영향을 미쳤을 것이다. 어쩌면 우리는 플라이스토세 후기 수렵 채집 인구의 사회 복잡성을 과소평가하는지도 모른다. 비록 이런 사회들이 중간 정도 크기의 집단으로 이루어졌다고 해도 그들의 이동성, 다른 집단과의 접촉 및 교류는 이미 감염 확산에 유리할 정도로 충분히 강력했을 수 있다.

네안데르탈인도 병원체의 식민지화에 취약해지기 시작했을 것이라고 상상할 수 있다. 호모 네안데르탈렌시스는 호모 사피엔스보다 개체수가 적지만 이미 무리를 지어 살았고, 목적에 따라 조직되었으며, 미생물 전파에 필요한 접촉망을 선호한 사회적 종이었다. 네안데르탈인은 약 5만 년 전에 멸종했는데, 그 시기는 수십만 년 동안 그들만이 거

---

*   병징이 인체 전체에 나타나는 것

**   이질균의 유일한 숙주는 사람이다

주했던 땅에 호모 사피엔스가 도착한 때와 일치한다. 그들의 멸종 원인은 아직도 수수께끼로 남아 있지만 — 아마도 많은 원인이 얽힌 사건일 것이다 — 아프리카에서 진화한 열대 이민자인 호모 사피엔스의 도착이 그곳에서 살던 네안데르탈인의 생물학적 균형에 위협이 되었으리라는 추측은 전혀 무리가 아니다. 15세기에 유럽인들이 아메리카 대륙에 티푸스, 홍역, 천연두를 들여와 원주민들을 멸절시키는 데 일조한 것과 비슷하다.

실제로 과거 연구는 감염 위협이 우리의 유전적 배경 형성에 중요했음을 보여준다. 여러분이 이미 알고 있듯, 호모 사피엔스는 호모 네안데르탈인과 교잡되었고, 이 교배의 결과로 우리 유전자에는 최대 4퍼센트의 네안데르탈인 유전자가 남아 있다. 프랑스 파스퇴르 연구소Institut Pasteur의 마티유 데샹Matthieu Deschamps과 동료들의 연구에 따르면, 그 4퍼센트의 네안데르탈인 유전자는 호모 사피엔스의 선천 면역에 관여하는 유전자의 최대 50퍼센트를 차지한다. 이것은 자연 선택이 우선적으로 네안데르탈인의 DNA를 고정화해서 박테리아와 곰팡이 또는 기생충으로부터 우리를 보호했음을 의미한다. 아마도 이 점이 호모 사피엔스에게 큰 위협 요인 중 하나였을 것이다.

서기 96년에서 117년 사이, 그리스 역사가이자 철학자인 플루타르코스는 그리스와 로마 인물들의 전기를 모은 『플루타르코스 영웅전Vitae parallelae』을 썼다. 지리적, 역사

불완전한 인간

적, 문화적 거리에도 불구하고 그들이 공통으로 가지고 있는 미덕과 결점을 비교하려는 의도로 인물들을 묶어 서술한 책이다. 이 장의 내용으로 보면, 병원체의 진화 역사는 인간의 진화 역사와 평행이론을 보이는 '플루타르코스 스타일'이라고 할 수 있다. 다윈주의적 관점에서 감염병은 생태학적 문제이자 경쟁의 문제이며, 생물체 사이에서 지속적으로 발생하는 생물학적 적합성의 싸움이다. 생명은 모든 왕국에서 길을 만들어가고, 지구에 사는 생명체 ― 그중에 인간 ― 는 자연 선택이라는 보편적 지휘하에 가능한 모든 생물학적 메커니즘을 활용해 번식하고 영속할 것이다. 이것이 인간과 바이러스, 박테리아, 곰팡이나 원생동물의 평행이론이다. 인간은 여행을 시작한 이후로 결코 혼자인 적이 없다.

그 뺨따귀는 진짜가 아니다

인류학적 관점에서 볼 때, 이번 팬데믹 기간에 우리는 개인뿐만 아니라 집단으로 우리 종의 생존 본능과 적응성에 관한 마스터 클래스를 실시간으로 받을 특별한 기회를 얻은 셈이다. 인간의 궁극적 투쟁의 목적은 죽음을 길들이는 것이다. 포르투갈의 작가 페르난두 페소아Fernando pessoa가 "인간은 존재하길 원하는 동물이다"라고 말한 것처럼, 인간은 이 '욕구'를 위해 온 힘을 다 쏟는다. 우리 종에서 두려움 및 죽음과의 싸움은 반사적 행위가 아니라 관조적 행위가 되었다. 그 과정들 속에서 우리는 수천 명의 생명을 잃은 비극을 이해함과 동시에, 1년도 채 안 되는 시간에 한 개도 아닌 여러 개의 백신을 개발하고 접종시킨 후 사망률을 급격히 낮출 수 있는 능력이 있음을 확인했다. 최고에서 최악으로 치닫는 충격적인 롤러코스터를 경험했다. 가장 비극적인 사건(끔찍한 사망자 수)과 가장 영웅적인 사건(실시간 백신 개발)을 모두 받아들여야 하는 극단적 감정을 경험한 사회는 혼란에 빠졌다. 그렇게 우리는 분노와 공격성에서 우울증과 낙담에 이르기까지 극적인 감정에 시달릴 수밖에 없었다.

나는 이 기간에 스페인 만화가인 추미 추메스Chumy Chúmez의 만화 한 장면이 떠올랐다. 한 조난자가 무인도의 야자수 아래에 앉아 이렇게 외치고 있다. "뺨을 한 대 때리고 싶은데, 제발 누구라도 나타났으면!" 그 장면을 생각하면 아직도 웃음이 난다. 그는 수많은 사람을 휩쓸고 있는 지친 상태와 당시 우리 모두 감정 표출이 필요하다는 사실을 뛰어나게 표현했다. SNS상에서는 모르는 사람들끼리 비판하는 걸로 모자라 서로 공격하는 분위기가 확산되고 있었다. 사회적으로 긴장된 분위기가 조성된 것은 사실이다. 모든 사람이 모든 것을 알고 있고, 모두가 화낼 이유를 찾는다. 아무리 지친 상황이라도 모욕이나 배려 부족은 용납할 수 없지만, 인간이 무기력과 자기 분노를 풀 수 있는 대상을 찾고 싶어 하는 마음은 이해가 간다. 하지만 뺨을 때리거나 맞는 사람 역시 심리적 또는 감정적 무력함에 압도된 사람일 수 있다는 사실도 잊지 말아야 한다.

많은 사람이 완전히 왜곡된 환경, 고독과 고립 속에서 두려움에 직면해야 했다. 온라인상의 이런 뺨따귀는 추미 추메스의 만화 속 조난자처럼 가상이지 실제는 아니다. 하지만 이것 역시 해로우므로 피해야 한다.

온라인상의 논쟁에 참여하고 싶은 유혹에 넘어간 네티즌이라면 여기에서는 다른 쪽 뺨을 내밀라는 기독교 교리가 적용되지 않는다는 사실을 명심해야 한다. 만일 내가 친애하는 독자 여러분에게 조언도 좋다면, 무의미한 논쟁은 피하라고 말해주고 싶다. 그 대신 우리에게 더 필요한 건설적인 활동에 집중해야 한다.

7

빛과 그림자로 가득한 회색의 시기

성장기에 대하여

콜린 스미스는 어려운 환경에서 자란 17세 문제아 소년이다. 그는 가벼운 범죄로 소년원에 가게 된다. 그리고 그곳에서 만난 교도소장은 운동 능력이 뛰어난 그에게 달콤한 제안을 한다. 우승컵을 얻으면 특혜를 주겠다고 한 것이다. 달리는 것을 좋아하는 콜린은 매일 아침 일찍 일어나서 규칙을 철저히 지키며 연습한다. 그렇게 하는 이유는 당연히 우승하면 힘든 환경에서 벗어나 좀 더 편하게 지낼 수 있기 때문이다. 그러나 사실 우승이란 그가 조직의 말을 잘 듣고 있고, 소장에게 기쁨을 주며, 권력 기관이 그를 개선하고 심지어 잘 길들였다는 메시지를 전달하는 것이다.

그는 우승할 수 있지만 일부러 질 수도 있다. 대중의 박수와 인정에 굴복할 것인가, 아니면 아무도 그 결정의 부조리를 이해하지 못하는 상황에서 '목적 없이' 계속 달려야 할 것인가. 이것이 그가 달리는 동안 매일 그의 머릿속을 어지럽게 하는 딜레마다. 콜린은 달리면서 "널 기분 나쁘게 만드는 사람이나, 뭔가를 하라고 강요하는 사람이 없는 세상에서 홀로 장거리 주자가 되는 것은 사치야."라고 자신에게 말한다. 그리고 1분 후에 결심한다. "하지만 난 이 경주에서 질거야. 난 말이 아니니까."

앨런 실리토Allan Sillitoe가 일인칭 시점으로 쓴 소설『장거리 주자의 고독The Loneliness Of The Long Distance Runner』은 20세기 중반 영국에서 등장한 '앵그리 영맨Angry Young Men'* 문학 사조의 위대한 대표작 중 하나다. 소설은 중산층과 상류층의 위선, 미래에 대한 불신과 환멸을 고스란히 보여준다. 더 쉬운 삶을 선택할지, 아니면 자기 자신에게 최악의 자해를 가할지 망설이는 소년의 머릿속에는 무슨 일이 벌어지고 있는 걸까? "그들은 우리가 일을 잘하는지, '운동'을 하는지 감시하기 위해 (…) 온종일 우리를 염탐할 수는 있지만, 우리 속마음을 샅샅이 알고, 우리 생각까지 알아낼 수는 없다." 맞는 말이다. 그런데 많은 부모들 역시 사춘기 자녀의 머릿속을 자세히 들여다보고 싶어 한다. 그 블랙홀에더 가까이 다가가기 위해서는 무엇보다도 성장기 동안 우리몸에서 일어나는 변화를 살펴보는 것이 중요하다.

---

*   '성난 젊은이들'이란 뜻으로 1950년대 영국의 전후세대 젊은 작가들을 지칭한다. 이들은 기성의 제도에 반항하는 태도를 드러내는 작품활동을 했다.

불완전한 인간

인간의 성장은 슬로 모션으로

영화 애호가인 독자 여러분, 먼저 나의 조잡한 비교에 용서를 구한다. 하지만 인간의 발달이 프랑스 영화의 클리셰와 비슷한 점이 있어 비교할 수밖에 없다. 프랑스 영화는 느리고 오래 '아무 일도 일어나지 않는' — 하지만 아름다운 — 장면들로 가득 차 있다. 성인기 이전의 모든 시간을 '행동'이 아직 시작되지 않은 잠복기로 해석한다면, 인간의 성장 방식은 슬로 모션 장면으로 가득 찬 프랑스 영화와 매우 흡사하다.

인간의 발달은 유년기, 아동기, 청소년기(사춘기), 성인기의 단계로 이루어진다. 한 단계가 끝나고 다음 단계가 시작되는 정확한 나이는 집단 간 그리고 같은 집단이라도 개인에 따라 다르지만, 보통은 단계마다 일련의 생물학적 특성이 나타난다. 그리고 이 다섯 단계 중 적어도 두 단계(아동기와 청소년기)는 아마도 우리 종의 고유한 단계일 것이다.

첫 번째 시기인 유년기는 자녀가 영양분에서도 어머니에게 크게 의존하는 특징을 보인다. 이 시기는 누군가를 의지해야 하는 매우 미성숙한 존재(전문 용어로 '만성성Altriciality'이라고 한다)이며, 우리의 뇌는 거의 태아처럼 빠르게 성장하여 뉴런 사이의 연결(시냅스) 수를 엄청난 속도로 증가시킨다. 젖니가 완전히 나면 음식을 이로 씹을 수 있고 다른 식량 자원을 이용할 수 있으므로 영양적인 면에서 어머니와 분리된다. 젖을 떼면 프로락틴(젖 분비 호르몬)으로 인한 배란 억제가 중단되고 그러면 어머니는 다시 가임기에 들어가고 임신할 수 있다. 이러한 방식으로 집단의 번식은 성공적으로 이어진다.

젖을 떼면 아동기가 시작되는데, 이 시기에는 어린 자녀를 가족의 다른 구성원이나 먼 친척 또는 친척이 아닌 개인과 함께 분담해서 돌본다. '핵'가족(부모와 자녀) 내에서 보살핌을 받는 것에서 다른 친척, 심지어 혈연관계가 아닌 집단의 구성원이 포함된 '확대' 가족으로 이동하는 것이다. 꼭 부모가 개입할 필요 없는 '공동 양육'인 대외적 보살핌은 우리 종의 가장 고유한 특성 중 하나다. 이는 인간을 특징짓는 복잡하고 다양한 관계와 동맹 구축 및 사회적 학습을 위한 진정한 바탕이다. 앞에서 진사회성에 대해 나누었던 이야기가 기억날 것이다.

아동기 이후에는 청소년기에 접어든다. 이 시기에는 뇌의 크기가 완전하지는 않지만 어느 정도 완성되고, 생존 관점에서 볼 때 부모에게 (많이) 의존하지 않아도 된다. 이때는 소화기나 면역 체계 등 유년기에 미성숙했던 많은 체계가 강화되고, 사회적 상호작용과 학습이 중요해진다. 물론 아직 어리지만 이미 또 다른 자율성을 갖고 있고, 자기 판단에 따라 나름의 결정을 내리며 자신만의 관계도 구축하기 시작한다. 그리고 마침내, 성인기에 접어들기 전에 사춘기를 겪는다. 이때는 회색과 빛과 그림자가 가득한 성장기로 어른인지 아이인지, 성숙인지 미성숙인지, 의존인지 독립인지가 명확하지 않은 단계다. 청소년 자신뿐만 아니라 가족도 '고통받는' 시기다.

이 시기에는 생물학적, 행동적으로 엄청난 변화가 일어나는데, 마치 이제까지 성공적으로 키워낸 자녀를 자연이 거꾸로 뒤집어 엎는 것처럼 보일 정도다. 우선 재생산할 수 있는 성인의 몸으로 변하기 위한 급격한 신체적 변화가 일어난다. 키와 근육, 체력이 향상하고 체모가 많아지며 치골이나 겨드랑이와 같이 이전에 없던 부위에도 체지방이 축적되고 재분배된다. 또한 외부 생식기가 자라고 남자아이의 경우 목소리가 변하면서 낮아진다. 그리고 여자아이의 경우는 가슴이 커진다. 이런 변화는 성적 성숙의 '알림' 역할을 한다. 초경은 9살이나 10살에 나타날 수 있지만, 일반적으로 첫 월경은 무배란성이다(임신이 될 수 있는 수정 가능한 난자가 생성되지 않음). 그렇기 때문에 18~19세가 되어야 최적의 번식 환경이 된다. 보통 신체적으로 자녀를 가질 준비가 되는 때와 자녀를 갖기 시작하는 시기에 차이가 있는 것은 인간만이 갖는 고유한 특징이다.

예를 들어 침팬지는 사춘기가 시작된 직후에 생식 능력을 갖추지만, 인간은 그사이에 애매한 기간을 오래 보낸다. 신체적 발달이 끝난 상태에서 개인은 성인 세계에서 능력을 제대로 발휘하도록 훈련하고, 자율성을 갖고, 책임을 맡기 시작하며, 생존에 필수적인 모든 기술을 실행할 준비를 갖추게 된다. 성인 같은 외모는 십대가 성인 집단에 들어가고, 성인의 세계에 입문할 수 있도록 도와준다. 이때가 성인기의 특징인 독립성을 얻기 위한 중요한 변곡점이다. 가족과 사회 관계를 형성하는 데 필요한 능력을 —— 현실과 가장 가까운 방식으로 —— 실천할 수 있게 된다. 그리고 그 훈련은 우리가 어느 정도 안전하다고 생각할 수 있는 환경에서 이루어진다.

그러나 신체 변화만 일어나는 건 아니다. 이런 신체 변화는 심오하고 장기적인 행동 변화 —— 반항심과 대립, 공격성, 정서적 불안정, 위험 추구, 심지어 자기 파괴적 경향 —— 를 동반하는데, 이는 우리가 열심히 기른 자녀의 미래를 위협하는 것처럼 보인다. 성호르몬 분비의 증가는 청소년의 신체 변화를 일으킬 뿐만 아니라 행동 조절에도 중요한 역할을 하며, 특히 충동적이고 공격적인 행동에 영향을 준다. 예를 들어 따돌림은 윤리성에 대한 논의를 넘어, 자원을 놓고 경쟁하는 사회적 동물들 사이에서는 매우 흔한 행동이다. 공격성과 폭력도 먹이를 찾거나 짝짓기를 할 때 종종 '성공적인' 방법이다. 또한 호르몬 폭발의 영향으로 충동적인 성적 행동을 하게 되는데, 이는 구애 전략을 실행하고 성적 취향을 탐구하고 결정하는 데 필요하다. 그들이 성인이 될 때까지 필요한 생존 전략인 셈이다.

지금까지 살펴본 바로, 비록 절망의 경계에 있다고 하더라도 우리는 생물학적 및 행동학적 관점에서 청소년의

불완전한 인간

행동 중 일부를 '이해할' 수 있을 것이다. 그러나 호모 사피엔스의 정상적인 성장 단계에서 나타나는 난기류는 여전히 너무 많아 보인다. 이 기간에 섭식 장애와 우울증, 약물 남용, '자연사가 아닌' 사망이 특히 많다. 세계보건기구에 따르면 청소년기 사망의 주요 외인성 원인은 교통사고와 자해다. 말도 안 되는 이야기 같겠지만 엄연한 사실이다. 매우 연약하고도 긴 유아기와 아동기를 지나기 위해 그렇게 노력했는데 왜 청소년기에 들어서서 '자기 비하'에 빠지는 걸까? 우리 종에게만 있는 것처럼 보이고, 다루기 매우 어려운 단계이며, 사실상 '새롭게' 만들어가는 이 시기는 어떤 이점이 있는 걸까? 이런 뇌의 변화를 지휘하는 지휘봉은 무엇일까?

동물의 왕국에서 인간이 살아남은 법

내 서재에는 호주의 해부학자이자 인류학자 레이먼드 다트Raymond Dart가 발표했던 논문의 초판본이 있다. 그는 1924년에 '오스트랄로피테쿠스 아프리카누스Australopithecus africanus'라는 종을 발견하고 거기에 타웅 아이Taung Child라는 이름을 붙였다. 이것은 인류학의 역사적 문서로, 화석 기록을 기반으로 하여 인간 지능의 기원과 '원인'을 분석한 최초의 해석 중 하나다.

아프리카의 마카판스가트Makapansgat 유적지에서 여러 개의 부러진 뼈와 뿔이 발견된 후, 레이먼드 다트는 최초의 인간 도구가 뼈, 치아, 뿔로 만들어졌다고 주장했다. 우리 조상이 동물의 왕국에서 지배적 위치를 차지하기 위해 사냥하고 고기 먹는 법을 배운 살인적인 영장류의 모습이었음을 시사하는 대목이다. 인간의 문화는 폭력의 문화였고, 지능은 다른 사람을 공격하고 제압하는 능력을 향상하는 쪽으로 진화했을 것이다. 한마디로 우리 인간은 살인 원숭이였다.

다행히도 우리 종이 그렇게 큰 뇌를 발달시킨 요인이 무엇인지에 대한 덜 암울한 가설들도 있다. 그중에서도 2021년 스페인 국립인류진화연구센터 연례 기조연설 초청으로 만났던 옥스퍼드 대학의 인류학자인 로빈 던바Robin Dunbar의 가설은 언급할 만하다. 당시 그는 인간의 두뇌가 발달한 이유는 복잡한 사회적 관계를 설정하고 유지해야 할 필요성이라고 설명했다. 친구(친하든 아니든, 우리에게 정서적 의미가 있고 정서적 유대감을 형성하며 연락을 유지하기 위해 노력하는 사람)를 사귀는 것은 금연 다음으로 사망 위험과 질병의 감수성에 큰 영향을 미치는 요소다.

우리는 낯선 사람이나 직장 동료를 포함한 단순히 '아는 사람'이 우리에게 줄 수 없는 사회적, 정서적, 심지어 재정적 이익을 친구라는 존재가 준다는 것을 알고 있다. 하지만 그 대가는 비싸다. 특히 필요한 헌신의 관점으로 볼 때 큰 비용이 든다. 젊은이들이 사회적 관계에 투자하는 시간은 연간 40퍼센트에 달하는 것으로 추정된다. 인간이 아닌 영장류들이 사회적, 정서적 유대감 발전을 위해 투입하는 노력은 상대의 이를 잡아주는 데 들이는 시간을 측정하는 것으로 계산된다. 많은 주의를 요하고 매우 명확하며 신체적으로 가까운 접촉을 해야 하는 작업이기 때문이다. 이런 활동을 할 때는 친사회적 행동을 촉진하는 옥시토신 및 엔도르핀과 같은 호르몬이 나온다. 상대의 몸에 있는 이를 잡아주는 행동은 인간으로 말하자면 웃고 노래하며 춤추고 이야기하는 것처럼 활동을 함께하는 것이며, 이를 통해 엔도르핀 체계의 중요한 활성화가 일어난다. 이런 활동에서는 꼭 신체 접촉이 필요한 건 아니기 때문에, 한 번에 여러 사람의 '이를 잡아줄' 수 있는 셈이다. 따라서 우리의 네트워크, 즉 관계를 맺을 수 있는 사람의 수가 더 많아질 수 있다. 이쯤에서 '그런데 이게 청소년기와 무슨 상관이지?'라는 의문이 들 것이다. 당연히 아주 큰 관계가 있다.

　만일 이런 사회적 상호작용이 인간의 특징적인 기관인 뇌의 발달을 위한 가장 중요한 요소라면, 청소년기에 집단에 소속되는 과정에서 매우 분명하게 경험하는 불안은 그리 놀랄 일이 아니다. 사회적 거부에 대한 두려움은 200만 년 전부터 우리 생물학에 작용해왔는데, 그때부터 협력과 사교성이 우리 일상에서 중요해지기 시작했다. 청소년기에 우리는 부모의 보호를 떠나 세상의 판단과 마주하게 되는데, 이것은 우리에게 유리할 수도 있고 불리할 수도 있으며 자비로울 수도 있고 무자비할 수도 있다. 이때는 자율성을 기르기 위해 그리고 기존의 집단을 넘어 자신만의 집단이나 모임을 형성하기 위해, 부모에게서 벗어나고 또래와 친구, 동료에게 지원과 보호를 찾는 것이 일반적이다. 그러나 부모의 둥지를 떠나는 것은 혈연관계가 아닌 제삼자의 판단에 복종하는 것을 의미한다. 따라서 이 '시작'은 보통 부모나 친척에게 받던 무조건적이고 관대한 수용과는 달리 상당한 스트레스를 받게 된다는 것을 의미하며, 이로 인해 불안과 우울증이 나타날 수 있다. 또한 거부당하는 일에 대비하고 자신을 보호하기 위해 방어적이고 공격적인 태도를 보이게 된다.

이미 말한 것처럼 친구를 얻으려면 많은 시간을 들여야 한다. 하지만 그뿐만이 아니다. 친구를 사귀는 것은 인지적 관점에서 보더라도 큰 대가를 치러야 한다. 그것에 대해 살펴보자.

우정의 대가

우리가 얼마나 사교적이든, X(구 트위터)나 페이스북이나 인스타그램에 얼마나 많은 팔로워를 가졌든, 가질 수 있는 친구의 수는 한계가 있다. 그렇지 않다면 우정에 대한 개념이

불완전한 인간

매우 느슨하다는 뜻이다. 소셜 네트워크에서 지속적인 관계를 맺을 수 있는 친구의 평균수는 약 150명이며, 이 숫자는 수렵 채집 시대부터 역사적으로 시간이 지나도 변함이 없는 편이다. 이것을 계산한 로빈 던바의 이름을 따서 '던바의 수Dunbar's number'로 알려진 이 숫자는 서로에 대한 친밀감과 정서적 관계 정도에 따라 여러 개의 원이나 층을 이룬다. 그 원에는 매일 함께 일하는 동료, 파티에서 만나는 친구 또는 덜 친한 친구, 서로 정보를 주고받는 사이 등이 있다. 일부 소셜 네트워크들을 통해 형성된 대부분의 관계도 여기에 딱 들어맞을 수 있다. 이 숫자는 살면서 계속 변하기 때문에 보통 20대가 60대보다 친구가 더 많다. 20~30세 사이의 '무차별적 사회관계'는 낭만적 또는 형제적 관계를 찾고 싶어 하는 욕구와 청소년기의 탐색을 보여준다.

하지만 사회적 관계를 유지하려면 엄청난 인지적 노력이 필요하다. 즉 공감과 자각 능력을 갖추고 말하기 전에 생각해야 하고, 상처나 불신을 주지 않도록 말과 행동을 통제하는 노력이 필요하다. 이 모든 기능은 유인원 영장류에만 존재하는 뇌의 전두엽 영역(브로드만 영역 10), 특히 신피질(대뇌 피질 또는 회백질이라고도 함)과 분명한 관계가 있는데, 인간의 경우 이곳이 특히 발달했다. 이런 인지적 요구는 던바가 오랫동안 연구한 사회적 뇌 가설의 기초다. 그와 연구팀은 영장류 뇌의 회백질 양과 사회 집단의 크기 사이에 분명한 관계가 있음을 확인했다. 즉 회백질이 많을수록 더 많은 친구를 사귈 수 있다.

흥미롭게도 인간의 전두엽 성숙은 신체적 성숙에 도달하고 한참이 지나도 멈추지 않는다. 우리의 신체 성장이 슬로 모션 영화와 같다면, 두뇌 발달도 마찬가지다. 인간의 뇌는 침팬지보다 1년 정도 늦은 약 5~6세에 최종 크기를 갖추지만, 우리 종의 주요 변화는 사실 뇌가 완전히 성숙하는 데 걸리는 시간에 달려 있다. 이 성숙은 주로 수초화(Myelination, 미엘린화) 과정으로 나타난다. 수초(미엘린)는 뉴런의 긴 섬유(축삭돌기)를 둘러싸고 있는 지질과 단백질로 구성된 절연 물질이다. 이는 뉴런 사이의 전기 충격을 적절하고 빠르게 전달하는 데 필수적이다. 따라서 이것이 없으면 신호 전송이 상당히 느려지거나 약해지고 손실될 수도 있다. 수초는 정보 전송 속도를 높일 뿐만 아니라 뉴런을 보호하기도 한다. 따라서 수초화의 결함은 다발성 경화증, 정신분열증, 양극성 장애와 같은 많은 신경학적 질병과 관련이 있다.

수초화는 느리고 점진적이다. 운동과 시각 자율성과 관련된 기본적인 영역에서 먼저 완성되고, 마지막으로 결정과 판단, 충동적인 행동 억제, 계획 및 예측과 같은 복잡한 기능에 관여하는 전전두엽 영역에서 이루어진다. 이처럼 우리가 성숙에 도달했다고 생각해도, 뇌는 아직 완전히 성숙하지 않은 상태라는 사실이 밝혀졌다. 전두엽의 수초화는 30대까지 지속된다. 무려 30대까지다! 우리가 육체적 성숙에 도달한 지 한참 지난 시간인데, 놀랍지 않은가?

불완전한 인간

따라서 청소년기는 신체는 성숙해도 인지 능력은 아직 완전히 발달하거나 자동화되지 않은 상태라고 볼 수 있다. 이때 우리의 몸은 성인이지만, 뇌는 여전히 성격과 자기 판단, 인간관계 형성에 필수적인 중요한 변화 과정을 겪는다. 이런 변화는 새로운 환경 신호들 앞에서 우리 판단과 행동을 형성하는 데 도움이 된다. 일반적으로 영장류, 특히 인간의 뇌가 신체 성숙에 필요한 것보다 더 긴 발달 기간을 갖는다는 것은 놀라운 일이 아니다. 뇌는 우리의 성장과 진화에 대한 지휘봉을 쥐고 있다.

수초화에 걸리는 긴 시간은 뉴런 축삭돌기의 보호를 감소시키고, 일부 정신 질환에 더 오래 노출되게 한다. 그러나 동시에 성인의 뇌가 아이의 뇌와 마찬가지로 재프로그래밍 되고, 사회적 상호작용과 환경에 반응하며, 성인이 직면해야 할 환경에 맞는 적절한 정서적 인지를 개발할 여지

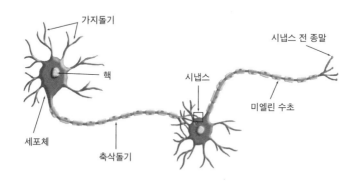

두 뉴런 사이 시냅스의 기본 구조

가 아직 있다는 뜻이다. 그리고 이 기간에 강렬한 '시냅스 가지치기'가 발생한다. 즉 우리 뇌의 완전한 재구성이 일어나는데, 거의 사용하지 않는 신경 회로의 수상돌기를 제거하고, 뉴런 사이에 새로운 연결을 설정하여 현실을 보고 판단하며, 해석하고 해결할 수 있는 대안을 가능하게 한다. 이미 어른이 되어도 아직 끝난 게 아니었다. 뇌의 입장에서 청소년기는 두 번째 기회와 같다. 우리는 주로 어린 시절에 배우지만 성인이 되어서도 배울 수 있고, 우리 행동과 현실 세계에 반응하는 능력을 더 잘 조정할 수 있다. 이렇게 강렬한 신경 재구성이 일어나는데, 어떻게 청소년들의 머릿속이 혼란스럽지 않을 수 있겠는가?

이러한 신경 재구성은 창의성과 발명에도 중요한 역할을 한다. 앞에서 내면의 모순에 갇힌 소년 콜린 스미스의 이야기로 이 장을 시작했다. 세상을 거스르며 사는 것은 어쩌면 그다지 실용적이지 않을 수 있다. 하지만 그것이 진화론적으로 의미가 있다면? 전통을 깨거나 적어도 우리 조상들이 가르쳐준 것과는 다른 방식을 탐구하는 것은 분명 세대를 거듭하며 발명을 멈추지 않는 종의 혁신과 다양성의 씨앗이다. 호모 사피엔스는 거의 마지막 순간까지 뇌가소성*을 유지하므로 유전과 삶의 경험에 따라 남들과 다른 유일무이한 어른이 될 수 있다. 청소년기의 뇌는 취약성과 기회

---

* 성장과 재조직을 통해 뇌가 스스로 신경 회로를 바꾸는 능력

의 균형을 맞춰가며 줄타기를 한다. 우리가 어떤 일을 할 때 모두 부모님과 똑같이 했다면 세상은 거의 발전하지 못했을 것이다.

아마도 그 '이유 없는 반항아'로부터, 그리고 체계적이지만 늘 정당한 건 아닌 항의로부터, 우리는 이전 세대를 계속 의심하고, 앞서 해온 것을 개선할 수 있다고 확신하는 —— 많은 경우 그들이 옳을 수도 있을 것이다 —— 비판적 태도를 되찾을 수 있을 것이다. 종종 무턱대고 하는 무의미한 반대도 있지만, 언젠가는 빠르게 변하는 세상에 맞는 꼭 필요한 변화가 일어날 것이다. 그리고 그 세상에는 방향키를 쥐고 잠들지 않는 사피엔스 선장이 필요하다. 우리는 '요즘 젊은 것들!', '내가 어렸을 때는 말이야!'라며 그들에게 온갖 불평을 쏟아낸다. 하지만 결국 청소년은 우리 종이 자신을 인식하는 과정이 아닐까? 만일 그 의식 작용을 버리면 인간은 그저 안주하게 될 것이기 때문이다.

『호밀밭의 파수꾼』과의 화해

2010년 1월 26일, 나는 네덜란드 라이덴의 한 서점에 갔다. 네덜란드에 사는 가족을 방문할 때마다 자주 들르는 그곳에는 내가 좋아하는 오래된 책과 중고책이 가득했는데, 의외로 싼 물건들을 많이 발견할 수 있었다. 그날 나는 문학

사에서 잘 알려진 J. D. 샐린저의『호밀밭의 파수꾼』초판본을 발견했다. 참고로 그때는 서점에만 가면 상식과 자제력을 잃던 시기였다. 나는 그 책이 서지학적 가치 — 보편적인 고전으로 간주하는 작품의 초판이면서 가격도 아주 좋은 — 가 있다고 생각했지만, 결국은 사지 않기로 했다. 솔직히 말하자면 이미 읽었고 그렇게 좋아하는 책이 아니었기 때문이다. 하지만 다음날 샐린저가 죽으면서 그 작품의 가치는 곧장 기하급수적으로 올라갔다. 그래서 바로 서점으로 달려갔지만 이미 한발 늦었다. 서점 주인은 사악한 미소를 지으며 몇 분 전에 자신이 샀노라고 고백했다.

그후 나는 11년이 지나서야 이 책을 다시 접하게 되었다. 하지만 이번에는 종이책이 아니라 침대에서 '한 시간, 한 권의 책'이라는 라디오 프로그램을 통해서였다. 60분 동안 저널리스트이자 문학 평론가인 안토니오 마르티네스 아센시오Antonio Martínez Asensio가 이 책을 훑어주었다. 그리고 마침내 나는 그 책의 위대함을 인정하고 그 책과 화해했다. 처음 그 책을 읽었을 때는 학업 실패와 분노에 빠져 미래를 생각하지 않던, 의욕 없고 변덕스러우며 뭔가에 짓눌린 홀든 콜필드에 반감이 들었다. 하지만 실제로 이 책에서는 '아무 일도 일어나지 않았다.' 왜냐하면 그의 반항에는 그 어떤 광기나 도전, 진짜 특별한 일, 위대한 모험이 없었기 때문이다. 나는 비참했다. 독자로서 나는 홀든만큼이나 혹은 그 이상으로 고정관념적인 내 역할을 완벽하게 수행함으로써 세대 간 단절에서의 내 역할을 충실히 했다는 생각이 들었다. 홀든은 아무도 자신을 신경쓰지 않는다고 느꼈고, 나는 그에게 동의했다.

샐린저가 쓴 작품은 완벽했다. 청소년기의 끈적하고 애매하며 모순적인 생각을 기록하고, 그 블랙홀에 깊숙이 침투하여 '아무 일도 일어나지 않은' 것 같은데 동시에 모든 일이 일어나는 것에 대해 이야기한다. 그것은 바로 '과도한 걱정'과 불안, 일관성 없는 분노, 모순, 자신에 대한 낯섦, 친구의 필요성과 동시에 고독의 필요성이다. 그리고 세상과 자신 안에서 느끼는 불편함이다. 『장거리 주자의 고독』과 함께 『호밀밭의 파수꾼』은 청소년기가 얼마나 힘든지를 잘 보여주는 가장 완성도 높은 작품이다.

하지만 이런 이유 외에도 『호밀밭의 파수꾼』이라는 제목에는 당시 내가 이해하지 못했던 의미와 생물학으로 가득 찬 메시지가 담겨 있었다. 홀든이 빠져 허우적거리는 냉담의 바다에는 오직 한 조각의 평화만 있다. 커서 무엇이 되고 싶냐는 질문에 그는 호밀밭의 파수꾼이 되고 싶다고 말한다.

많은 아이가 호밀밭에서 노는 모습을 상상하곤 해. 수천 명의 아이가 있고 그들은 혼자지. 그러니까 내 말은 그들을 지켜주는 어른들이 없다는 뜻이야. 나뿐이지. 나는 벼랑 끝에 있고 내 일은 아이들이 절벽에 떨어지지 않게 하는 거야. 그들이 어디로 가는지 보지 않고 뛰기 시작하면 나는 내가 있는 곳에서 나가서 그들을 붙잡지. 그것이 내가 늘 하고 싶은 일이야. 나는 호밀밭의 파수꾼이 될 거야.

세상에 무관심하던 홀든은 이 대목에서 이례적으로 다정함과 아이들에 대한 보호본능을 드러낸다. 이 작품에 대한 일부 해석을 보면, 홀든이 청소년기의 벼랑에서 성인으로의 극적인 도약을 피하고자 어린이의 순수함을 보호하기를 원한다고 한다. 물론 호모 사피엔스는 어른이 되고 싶어 하지 않는 '피터팬' 같은 종이다. 하지만 그날 밤 나는 그 안에 뭔가 더 있을 수 있다는 생각이 들었다. 아이들을 전혀 신경쓸 것 같지 않은 사람이 아이들을 걱정하는 게 그렇게 이상한 일일까? 아마도 아닐 것이다. 1970년대 이후, 수렵 채집인 집단에 관한 여러 연구가 있는데, 집단에 어린아이가 있으면 젊은이들의 공격적인 행동이 감소한다는 것을 결과가 나왔다.

뉴욕시립대학교 헌터 칼리지의 캐롤 엠버Carol Ember의 연구에 따르면, 어린아이들을 돌보는 책임을 맡은 8세에서 16세 사이의 청소년은 그럴 책임이 없는 청소년보다 훨씬 더 친사회적이고 인정을 베푸는 행동을 보였다. 그리고 그런 환경에서 청소년기를 보내고 임무를 수행한 청소년은 전 연령층과 상호작용했다. 그러나 오늘날에는 몇 년 터울로 성장하고 교육받는 것이 일반적이어서 직계 친척을 제외하고는 나이가 훨씬 많거나 어린 사람들과 어울릴 기회

　　　　　　　　불완전한 인간

가 거의 없다. 게다가 가족 규모도 점점 더 축소되고 있다. 확대 가족보다 핵가족이 더 많고, 삶과 일의 속도로 인해 하루 중 상당 시간을 가족과 떨어져 보낸다. 나이별로 분리된 오늘날의 사회는 과거 청소년기의 표준과는 근본적으로 다르다. 과거 청소년기는 공격이나 사회적 대립 없이 부모의 기술을 배우는 기간이었고, 사냥이나 채집과 같은 다른 작업의 학습에도 참여했기 때문이다.

청소년기는 원래도 정의 내리기가 복잡한 시기인데, 우리가 사는 이 시대에는 더 어렵다. 자연 선택은 오랜 진화를 거치며 우리 뇌와 몸이 기존 조건이나 성공에 결정적인 조건에서 최적으로 기능을 발휘하게 했다. 하지만 환경 변화 속도가 너무 빨라지면서 현재 조건들과 역량 발달 조건들 사이에 불일치가 발생하고 있다. 인간은 유연하지만 한없이 유연한 건 아니다. 그리고 오늘날 청소년기는 자연 무대의 일부를 잃었다. 환경이 변해(예를 들어 가상 관계) 성인의 삶을 '연습할' 실제 상황을 거의 경험하지 못한다. 그저 집단 내에서 존경이나 지위를 얻기 위한 미덕의 범위를 제한하는 좁은 상호작용을 할 뿐이다. 사진 한 장으로 우리가 누구인지 요약하거나, 깊게 생각할 필요 없는 도발적인 메시지로 집단의 관심을 끌기 위해 경쟁해야 한다는 압박감은, 나이 드는 법을 배우거나 있는 모습 그대로를 보여줄 수 있는 환경에 부정적인 영향을 끼친다.

나는 대가족 속에서 자란 것이 얼마나 행운인지 잘 안다. 부모님은 형제자매끼리 서로에 대한 책임감을 느끼게 하셨고, 다른 가족 구성원 — 나이가 많든 적든 — 에 대한 배려와 공존을 강조하셨다. 나는 운 좋게도 조부모님을 돌볼 수 있었고, 큰 언니는 나를 '책임졌다'. 단언컨대 내 청소년기의 적응력은 어린 동생들을 돌보거나 사촌들과 놀아주며, 또는 거동이 불편한 조부모님을 돌볼 때 꽃을 피웠다. 물론 모두가 대가족으로 살 수 있는 건 아니다. 하지만 말만이 아니라 행동을 통해 주변 사람에게 관대함과 도움을 베풀 필요성을 깨달을 수는 있다.

청소년에게 자율성과 자신감을 갖게 하기 위해서는 친사회적 행동이나 대안을 제공하는 것이 중요하다. 결국 그것이 모든 청소년이 바라는 바이다. 우리는 모두 한때 어떤 식으로든 홀든이나 콜린이었고, 청소년기의 롤러코스터에 올라타 계속 변하는 기쁨과 우울을 경험했다. 그리고 모두 한때는 '이해받지 못했다'. 우리는 모두 청소년이었다. 모두의 마음 깊은 곳에는, 그저 잠들어 있을 뿐, 호밀밭의 파수꾼이 살고 있을 거라고 확신한다.

불완전한 인간

8

먹기 위해 살까, 살기 위해 먹을까

음식에 대하여

흑인: 비싼 레스토랑의 그 프랑스 요리사들을 아십니까?

백인: 개인적으로는 모릅니다.

흑인: 그들이 무슨 요리 하기를 좋아하는지 아십니까?

백인: 아니오.

흑인: 모래주머니, 양胖, 뇌, 아무도 안 먹는 것들이요. 왜 그런지 아십니까?

백인: 도전해보고 싶어서? 아님 새로운 게 필요해서?

흑인: 무지렁이 백인치고 꽤 똑똑하시군요. 도전, 맞아요. 요리 재료가 아주 저렴합니다. 보통은 버리는 것들이죠. 아니면 고양이나 주고. 하지만 가난한 사람은 아무것도 버리지 않습니다.

백인: 그럴듯하군요.

흑인: 맛있는 스테이크를 만들 때는 좋은 기술이 필요 없습

니다. 하지만 좋은 스테이크용 고기를 살 수 없다면 어떻게 될까요? 그런데도 여전히 맛있는 걸 먹고 싶다면 그때는 어떻게 해야 할까요?

백인: 새로운 걸 만들어야죠.

흑인: 새로운 걸 만든다. 교수 선생, 정답입니다. 그럼 그 혁신은 언제 시작할까요?

백인: 만들고 싶은 게 없을 때죠.

미국 현대문학을 대표하는 소설가 코맥 매카시Cormac McCarthy가 쓴 극형식의 소설 『선셋 리미티드The Sunset Limited』에 나오는 이 대화는 맛있는 요리 — 개인적으로는 새로운 내장 요리보다는 뻔한 스테이크 요리가 더 좋다 — 에 관한 토론이면서 동시에 진화의 본질을 잘 포착하고 있다. 생명은 스스로 길을 열어간다. 태초부터 자연 선택은 지구의 역사를 만들어왔다. 우리 몸은 적응력이 떨어지면 가차없이 걸러내는 강력한 필터 속에서 살아남은 생존자다. 위기와 중요한 변화 앞에서 그 필요성이 커질 때마다 생물체는 시험대에 오른다. 그리고 스스로 재창조하거나 사멸한다.

지금까지 이 책에서 본 것처럼 자연 선택에서 가장 많이 나오는 말 중 하나는 면역 체계의 최적화다. 역사 전반에 걸쳐 감염으로부터 자신을 지키는 일은 가장 우선순위에 있었고, 이것은 인간 생물학의 여러 측면을 형성했다. 우리 몸은 스스로를 보호하려는 걱정으로 때때로 면역 체계가 통제되지 않아 과한 반응을 하거나, 실제로 위협이 되지 않는 요인에도 반응한다. 앞으로 살펴보겠지만, 알레르기와 자가면역 질환 일부는 몸의 생리학이 감염원으로부터 자신을 보호하려는 과도한 집착의 결과다. 하지만 이러한 적응의 근원이 되는 또 다른 원동력은 생명체가 영양을 섭취해야 하는 보편적인 필요와 관련이 있다.

우리가 영양분을 얻을 수 있는 자원 유형은, 새로운 곳에 정착할 가능성이나 특정 생태계에서 생존할 가능성, 같은 공간을 두고 다른 동물과 경쟁할 가능성에 영향을 주었다. 오늘날 인간은 거의 모든 것을 소화할 수 있는 종이고, 식량 분포가 매우 불균형함에도 불구하고 식량 부족 문제가 전 세계적인 문제는 아니다. 흥미롭게도 호모 사피엔스는 모든 것을 먹을 수 있지만 신념과 취향, 종교, 취미에 따라 음식을 골라 먹는 유일한 종이다. 현재 식량 문제는 조상들이 겪은 궁핍이나 식량을 구하는 어려움 때문이 아니라 오히려 정반대다. 식량 과잉 때문에 건강 문제가 급증하고 있다. 음식 소비는 필요한 영양 공급 이외에 매우 특별한 사회적, 문화적 의미를 갖게 되었다. 섭식 장애는 더는 먹을 수 있는 음식 양으로 결정되는 것이 아니라, 인간 진화의 역사를 통해 생긴 음식과 문화의 복잡한 관계 때문이다. 이것에 관한 이야기를 나누어보자.

위장의 문제

나는 운 좋게도 2003년부터 세계에서 가장 매력적인 곳 중 하나인 드마니시Dmanisi에서 발굴과 연구에 참여하게 되었다. 코카서스 중앙의 조지아 공화국에 있는 드마니시는 아프리카, 아시아 및 유럽을 연결하는 교차로이며, 지도 — 그리고 내 세상 — 의 중심에 있다. 이베리아라고도 알려진 이곳의 과학적 중요성은 이 땅이 내게 주는 감정적 측면의 중요성과 맞먹는다. 내가 조지아에서 얻은 도움과 기억, 경험 그리고 친구들은 무수히 많다. 또한 남편을 만난 곳이라는 행복한 우연의 일치도 빼놓을 수 없다.

나는 10년 동안 이 지역을 방문하며 보석과 같은 화석을 발굴하고 분석하는 데 많은 시간을 보냈다. 드마니시는 180만 년 전에 살았던 다섯 명의 유해를 통해 국제무대에 데뷔했다. 이들은 아프리카 외부 지역에서 발견된 최초의 인간으로 알려졌다. 이 발견은 인류가 아프리카 요람 밖으로 언제, 누가, 그리고 처음으로 분산된 이유에 대한 가설에 혁명을 일으켰다. 그전까지는 우리 조상들이 높은 지적 능력과 정교한 도구를 습득하고, 장거리 여행에 적합한 '현대적인' 체격을 갖출 때까지는 '미지의 땅'으로 탐험을 떠나지 않았을 것이라고 추측했다. 언급한 특징들이 과감하게 미지의 세계로 나가서 살아남는 데 필요한 최소한의 장비라고 생각했기 때문이다.

하지만 드마니시 인간들의 뇌 크기는 $400\sim600\,\mathrm{cm}^3$로 침팬지보다 조금 큰 정도였다. 또한 화석 옆에서 발견된 도구들의 수준도 매우 초보적이었다. 그리고 오스트랄로피테쿠스보다 다리가 약간 더 길고 두 발로 걷기에도 더 적합했고, 상대적으로 긴 팔을 가졌지만, 여전히 나무꼭대기 사이를 넘어 다니는 삶의 흔적을 보였다. 해부학적 주장 중 그 어느 것도 첫 분산의 이정표를 설명하지는 못했다. 추측건대 초기 호미니드들의 여행은 단순히 '반더루스트(Wanderlust, 방랑벽)' 때문이었을 것이다. 이 독일어(wander: 정처없이 방황하다; lust: 열정)는 학습과 탐험에 대한 필요를 느끼는 타고난 열정을 설명할 때 사용하는 단어다. 이 사람속Homo의 최초 대표주자들은 아마도 세상을 알고자 하는 인간적 호기심 앞에 무릎을 꿇었을 지도 모른다. 하지만 결과적으로 이에 대한 과학적 증거는 너무 빈약했다. 물론 200만 년 전 호미니드들도 방랑벽 비슷한 감정을 느꼈을 수 있지만 인류의 첫 여행은 사실 위장 문제 때문이었다.

약 200만 년 전부터 우리 조상들은 동물성 고기와 단백질을 정기적으로 섭취하기 시작했다. 뼈에 남은 돌칼 자국이나 영양가 있는 골수에 접근하기 위해 뼈를 부순 타격 자국을 보면 알 수 있다. 그때까지 호미니드의 식단은 잎과 뿌리, 가지, 과일, 알, 곤충 등으로 침팬지의 식단과 매우 비슷했다. 일부 고립된 유적지에서는 오스트랄로피테쿠스와 관련된 육류 섭취의 증거가 발견되기도 했다. 그러나 침팬지의 육류 섭취는 드물거나 예외적이다. 스페인 국립인류진화연구센터에서 라우라 마르틴-프란세스Laura Martín-Francés의 지휘 아래 드마니시에서 발견된 호미니드의 치열을 분석했는데, 넷 중 하나(가장 큰 아래턱뼈는 D2600이라고 표시됨)의 치관이 심하게 마모되어 있음을 발견했다. 이는 식물과 줄기, 뿌리 및 잎을 먹는 동물의 전형적인 특징이었다. 그러나 나머지 하악골과 상악골은 견과류와 덩이줄기, 뿌리처럼 아주 단단하거나 가죽질이 아닌 음식을 섭취할 수 있는 우리와 같은 사람속에서 발견되는 것과 유사한 마모 상태를 보였다. 또한 드마니시 유적지에서는 고기를 먹을 때 이용한 흔적을 보여주는 잘린 초식동물의 긴 뼈가 여러 개 발견되었다. 뉴욕의 헌터 컬리지 연구원인 허먼 폰처Herman Pontzer의 연구를 통해 이 시나리오는 더 힘을 받았다. 이 호미니드들의 치아 법랑질의 미세 마모(최근에 먹은 음식에 의해 치아 표면에 남는 자국)를 분석한 결과, 이들의 식단은 오스트랄로피테쿠스보다 더 다양하고 변화무쌍했으며, 이미 식생활의 핵심 요소였던 청소*나 사냥을 통해 고기를 먹는 호모 에렉투스와 더 유사했다.

독자 여러분이여, 우리는 고기를 먹으면서 자유로워졌다. 이런 유연한 식습관은 분명히 아프리카를 떠나 새로운

---

* 다른 동물을 사냥하지 않고 서식지에 있는 죽은 동물과 식물을 먹는 것을 뜻한다.

불완전한 인간

땅으로 가는 데 성공한 사람속의 첫 번째 대표주자에게 도움이 되었을 것이다. 그렇게 먹을 수 있는 식품 종류가 늘어나고, 잠재적으로 이용 가능한 생태계가 배로 늘어났다. 우리는 문자 그대로 땅에 붙어 있는 열매를 버리고, 다리가 달린 식량을 쫓아 움직이기 시작했다. 더 나은 품질의 식량을 적극적으로 탐색하고 획득하려는 노력은 사람속에게 인기를 끌기 시작했다.

조상들의 일일 식단 변화는 신진대사와 소화관에도 큰 영향을 미쳤다. 우리는 단순히 개인 취향이나 선택 때문에 특정 음식을 먹거나 먹지 않는 것이 아니다. 특정 물질에 대한 적응은 생명체의 해부학 및 생리학에 많은 전문화를 가져왔다.

각 동물의 '장腸의 전략'을 분석해보면 놀라운 사실을 발견할 수 있다. 예를 들어 동물성 단백질과 지방의 소비 덕분에 우리 위와 장의 크기는 몸무게가 비슷한 포유류의 위장 크기보다 훨씬 작다(거의 절반). 유인원의 대장大腸은 소화계의 최대 50퍼센트를 차지하지만 우리의 대장은 고작 20퍼센트 정도다. 대장은 식물과 식물성 섬유와 같은 '저품질 식품'(상대적으로 낮은 칼로리 함량)에서 지방산을 발효하고 추출하는 데 필요하다. 초식동물은 음식에서 충분한 에너지를 얻기 위해 거의 종일 먹고 밤새 소화한다. 한편 반추동물은 큰 위('진위True stomach'라고 불림) 외에도 최대 3개의 전위Anterior stomach*를 가질 수 있는데, 여기에서는 수백만

| 인간 | 개 | 양 | 말 |

동물의 서로 다른 '장 전략'

인간의 소화관은 같은 크기의 잡식 동물보다 상대적으로 작다. 동물 단백질과 지방이 든 음식을 조리하고 먹음으로써 호모 사피엔스의 소화계 크기가 줄은 것이다. 개는 전형적인 육식동물로 대장이 상대적으로 작고, 비육류를 소화하는 능력이 제한적이다. 반면 초식동물인 양과 말은 장이 크고, 식물성 식품을 발효시키는 데 특화된 부분이 매우 크다.

(출처: Furness y Bravo(2015))

개의 미생물이 영양소의 소화 및 추출을 돕고 셀룰로스 벽을 분해하고 식물을 발효시킨다. 또한 초식성 식단의 힘든 소화 작업을 수월하게 하려고 이미 삼킨 음식을 계속 게워서 씹는 능력까지 갖추고 있다.

이와 달리 인간의 소화는 훨씬 수월하다. 동물성 단백질은 소화하기가 쉬워서 영양소 소화에 필요한 소화관 수가 적다. 이것을 '고품질 식품'이라고 말할 수 있는데, 적은 양에 비해 칼로리 함량이 높고, 신진대사도 더 쉬워 처리 시간이 훨씬 적기 때문이다. 이로 인해 우리는 먹는 것 외 다

---

*   반추동물의 1, 2, 3번째 위를 통틀어 일컫는 말

른 일들을 할 수 있는 자유 시간을 얻게 되었다. 앞으로 보겠지만 이 활동은 인간 사회의 문화 및 사회생활에서 중요한 부분이다. 일반적으로 호미니드들은 먹기 위해 살던 삶에서, 살기 위해 먹는 삶으로 넘어갔다. 그리고 식단은 장뿐만 아니라 뇌에도 영향을 미쳤다.

거의 20년 전, 유니버시티 칼리지 런던 — 운 좋게도 내가 일했던 곳 — 의 전 인류학과장이었던 고인류학자 레슬리 C. 아이엘로Leslie C. Aiello와 리버풀 존 무어스 대학의 생물학자 피터 휠러Peter Wheeler가 놀라운 가설을 제안했다. 이 내용은 아직도 유효한데, 바로 '비싼 조직' 가설Expensive tissue hypothesis, ETH이다. 아이엘로와 휠러는 사람속의 위의 축소와, 에너지에 굶주린 큰 뇌의 발달에 어떤 관련이 있는지에 대한 가설을 제기했다. 이것은 소위 가정 경제 문제였는데, 큰 뇌에 '투자'하려면 다른 기관이나 시스템에, 특히 초식동물은 매우 비싼 소화관에 쓰는 비용을 줄여야만 했다. 연구원들에 따르면, 인간 진화 전반에 걸쳐 이루어진 위장관의 감소는 더 큰 뇌의 발달에 '재투자'된 대사 절약을 의미했다. 이것은 위대한 신진대사의 물물교환이었다. 인간은 '위장으로 심장 만들기'**가 아니라 위장으로 뇌를 만든 셈이다.

** 기존의 표현을 문자 그대로 번역했다. 어려운 순간을 마주하고 앞으로 나아가기 위해 용기를 내야 한다는 비유적 표현이다.

그러나 대장, 특히 결장의 크기가 줄면 채소와 밀과 호밀과 같은 곡물, 유제품 및 탄산음료가 포함된 식단에 많이 들어 있는 고발효성 탄수화물을 소화하는 능력이 떨어진다. 이런 탄수화물은 가스와 액체를 많이 생성하기 때문이다. 하지만 역설적으로 이런 음식들은 오늘날 식단에 많이 포함된다. 탄수화물의 소화 능력이 떨어지면서 세계 인구의 최대 15퍼센트가 과민대장증후군에 걸리기 쉬우며, 이경우 위경련이나 복통 및 부기, 설사가 나타난다. 이것은 우리의 소화 시스템에 여전히 남아 있는, 해결되지 않은 여러 문제 중 하나일 뿐이다. 이런 의미에서 현대인은 거의 모든 것을 먹을 수 있는 해부학적, 생리학적, 문화적 메커니즘을 발달시켰다. 하지만 반짝인다고 모두 금은 아니다.

배고프지 않은데 먹기, 배가 터질 때까지

기독교 교리에서 규정하는 일곱 가지 대죄 — 교만, 탐욕, 정욕, 분노, 식탐, 시기, 나태 — 중 유독 인간에게만 해당하는 죄가 있다. 알려져 있듯 다른 유인원들은 성적인 부분에서 음란하고 문란한 행동을 한다. 침팬지는 집단 내 구성원과 경쟁하거나, 지위를 부러워하거나, 필요하지 않은 것을 탐내거나, 위계적 우월성을 자랑하며 오만하게 구는 경우가 많다. 물론 우리는 그들이 게으르고 화내는 모습도 보았다. 하지만 필요 이상으로 많이 먹는 동물을 찾아보는 건 훨씬 더 어렵다. 식탐, 즉 배고프지 않은데 먹기, 눈으로 먹기, 배가 터질 때까지 먹기는 현대 사회 건강 문제의 원인이 되고 있다. 오랜 진화의 여정에서, 특히 지난 1만 년 동안 우리는 굶주린 올리버 트위스트에서 과자집을 집어삼키는 식탐에 사로잡힌 헨젤과 그레텔에 급속도로 가까워졌다.

세계보건기구 2020년 보고서에 따르면, 세계 주요 사망 원인은 허혈성 심장병과 뇌졸중과 같은 심혈관 질환이다. 이는 비활동적 생활 방식과 과도한 지방과 소금이나 설탕 섭취 같은 식단의 불균형 때문이다. 이로 인해 뇌졸중과 심장마비, 동맥경화증, 고혈압, 이차성 당뇨병, 비만까지 다양한 질병이 발생한다. 간단하게 말하자면 이 질병들은 대부분 식단으로 예방 가능하다. 그런데도 우리는 이런 상황을 바로잡지 않는다. 우리는 오랜 기간 계속 너무 많이 먹어왔다. 꼭 먹지 않아도 되는 것까지 먹는다. 왜일까? 왜 몸에 해로운 것을 원하는 걸까? 왜 자연 선택은 건강한 식습관을 갖지 못하게 막는 걸까? 왜 몸은 우리에게 과자를 많이 먹으라고 요구하는 걸까? 왜 우리는 사과보다 감자칩 한 봉지를 집어 드는 걸까?

아마도 이것이 우리의 생물학과, 우리가 적응해야 할 환경의 급속한 변화 사이의 불일치를 가장 잘 보여주는 상황일 것이다. 고열량 음식을 선호하게 만드는 메커니즘은 현재보다는 자원 예측이 어렵고 계속 기근의 위협을 받았던 플라이스토세에 더 유리할 것이라고 생각하기 쉽다. 미각은 몸에 적합한 음식을 감지하도록 진화했는데, 인간의 경우에는 뇌에 꼭 필요한 휘발유인 포도당처럼 소화 가능한 탄수화물이 바로 그 대상이다. 이 당분은 주로 식물성 식품에서 발견되며, 고양이처럼 완전한 육식동물들은 보통 단맛 수용체가 부족하다. 사실이다. 놀랄 수도 있겠지만 모든 동물이 그렇게 단 음식을 좋아하는 건 아니다. 어쨌든 선사 시대에는 선천적으로 가장 달고 잘 익은 과일을 좋아했고, 심지어 그것의 중독이 적응적 특징이었을 가능성이 크다.

하지만 그때는 지금과 아주 달라서 그것들을 너무 좋아한다고 해서 과체중이 되기는 어려웠다. 오늘날 우리는 단 것을 갈망하는 호미니드지만, 동시에 너무 과하게 풍요로운 환경에 놓여 있다. 우리는 발달에 필수적인 영양소를 좋아하는 선천적 취향을 아직도 갖고 있다. 플라이스토세 전반에 걸쳐 호미니드는 이런 영양소를 탐냈지만, 희귀하고 구하기도 어려웠다. 그런데 여기에서 끝이 아니다.

앞에서 뇌의 엄청난 신진대사 요구를 이야기한 바 있다. 중추 신경계의 최대 60퍼센트는 지질로 이루어졌다. 보통 지방으로 알려진 생물학적 분자인 지질은 신체의 중요한 에너지원이고, 신경계의 신경아교세포 및 신경막과 같은 많은 필수 구조의 일부다. 뇌가 적절하게 발달하려면 지방산이 필요하다. 음식을 통해 직접 얻을 수 있지만, 식물에 포함된 트라이글리세라이드Triglyceride를 변환해 얻을 수도 있다. 이를 위해서는 식물성 식품에 포함된 지질의 신속한 전환과 사용을 촉진하는 '지방산 불포화 효소'가 필요하다. 오늘날 우리는 여러 세대에 걸친 진화 과정이 식물성 지방산으로 빨리 전환할 수 있는 특정 불포화 효소 변이체를 긍정적으로 선택했다는 걸 알고 있다.

거대한 장腸이 없어도 인간은 식물에서 지질을 추출할 수 있다. 점점 더 커지는 뇌에 필요한 에너지를 채워주기 힘들어지자 지방 획득과 축적을 촉진하는 다양한 메커니즘을 발달시켰을 것이다. 열량을 원하는 우리 조상의 취향과 결합한 이런 메커니즘들은 비만을 비롯한 여러 건강 문제를 일으킨다. 하지만 우리는 현대의 풍요로움에도 불구하고 만족하지 못할 것이다. 패스트푸드는 우리에게 필요한 필수 영양소를 채워주지 못하기 때문이다. 꼭 많이 먹는 게 잘 먹는 건 아니다.

여기서 버릴 건 하나도 없어

이 이야기는 식량을 찾아 떠나는 영장류 이야기다. 안락한 집을 뒤로하고, 어떤 나무가 가장 좋은 열매를 맺는지 알고 있는 곳을 떠나, 예측이 어렵고 — 계획과 집단 조직, 작업 분할이 필수이고 포식자의 더 큰 위협에 노출되어 — 얻기는 더 어렵지만, 열량으로 보상하는 전리품인 고기를 찾기 위해 모험을 떠난다. 하지만 동시에 우리 종은 주변 자원을 이용하도록 진화했다. 내가 어린 시절 식사 시간에 가장 많이 듣던 말인 "여기서 버릴 건 하나도 없어!"가 귓가에 맴돈다. 지난 3만 년 간 호모 사피엔스는 환경을 근본적으로 변화시킨 문화 혁명의 주인공이었다. 우리는 목축을 통해 동물을 길들이는 법을 배웠고, 고기 얻는 법을 관리하고 조절했다. 그뿐만 아니라 이런 동물을 통해 우유와 같은 식량도 얻었다. 곡물의 생산과 소비가 중요했기 때문에 곡물을 심고 땅을 길들이는 법도 배웠다. 신석기 시대에 폭발적으로 일어난 경종법은 우리에게 안전하고 손에 넣을 수 있는 식량 공급원을 제공했다. 우리 생물학이 이런 기회를 놓칠 리가 없었다.

많은 사람이 자라면서 아침 식사로 우유를 마셨고, 성인이 되어서도 다양한 유제품을 먹거나 우유가 들어간 커피를 마신다. 인간만이 하는 이런 행동 속에 고유한 진화적 변화가 숨어 있다는 사실을 미처 깨닫지 못한 채 그렇게 한다. 그러나 우유를 소화하기 위해서는 '락타아제Lactase'라는 효소가 필요한데, 포유동물 — 그리고 대다수 사람! — 은 젖을 뗀 후에는 이 효소가 사라진다. 그렇다면 성인이 되어서는 우유를 마실 수 없어야 하는 게 정상이다. 하지만 유전학 연구에 따르면, 약 1만 년 전에 목축이 성행하면서 유당 내성을 만들고, 유당 함량이 높은 영양 공급원을 섭취할 수 있게 하는 돌연변이가 생성되었다는 사실이 밝혀졌다. 그리고 이런 변화는 골격과 면역 체계 강화에 필수적인 비타민D의 흡수를 촉진한다. 이 돌연변이는 소 사육과 낙농업 전통이 있는 곳에서 특히 우세했다. 소 사육에 전념하는 북유럽 인구에서는 최대 75퍼센트까지 나타났고, 반면 같은 지리적 영역에 있는 수렵 채집 집단에서는 5퍼센트 정도만 나타났다. 이 수치는 락타아제 지속성이 가진 적응력을 보여준다.

하지만 전 세계 인구의 최대 70퍼센트가 락타아제 수치가 낮거나 아예 없다. 흥미롭게도 진화의 관점에서 병리학적 장애(유당불내증)는 실제로 우리 같은 동물 유형에서는 '정상적인' 현상이다. 따라서 우유를 마실 수 있는 인간은 희귀한 존재다. 축복받은 희귀함이다! 아마도 유당불내증이 있는 직계 조상과 네안데르탈인은 젖을 뗀 후 계속 커지는 뇌에 필요한 열량을 공급하기 위해 다른 여러 도전을 했을 것이다.

같은 맥락에서, 문화가 진화를 가속화시켰음을 보여주는 또 다른 예는 곡물과 줄기식물처럼 전분을 함유한 식품의 소비다. 최소 1만 년에서 3만 년 전까지만 해도 곡물은 인간의 일반적 식품 공급원이 아니었다는 증거가 있다. 하지만 인류는 채집과 정착 생활을 하면서 곡물을 찧고 그것에 의존하기 시작했다. 그 예로 러시아와 체코, 이탈리아에서 맷돌에 남은 전분 알갱이가 발견되었다. 곡물을 찧고 가루로 만드는 행위는 중요하다. 왜냐하면 모든 포유류와 마찬가지로 인간도 '셀룰라아제Cellulase', 즉 녹말씨의 세포벽을 분해하는 효소가 부족해 이 과정이 소화하는 데 꼭 필요하기 때문이다. 실제로 옥수수 같은 특정 음식은 잘 씹지 않으면 소화관을 통해 원래 모양대로 빠져나온다. 반추동물과 발효할 수 있는 대장大腸을 가진 일부 동물은 이 문제를 극복할 수 있지만 충분한 에너지를 얻으려면 많은 양의 곡물을 먹어야 한다.

이것이 끝이 아니다. 전분의 당 분해를 촉진하기 위해서는 주로 췌장과 침샘에서 분비되는 '아밀라아제Amylase'라는 효소가 필요하다. 여러 호미니드 종의 게놈을 분석한 결과, 전분을 섭취하는 현생 인류의 아밀라아제 복제 개수가 대략 3만 년에서 12만 년 전 아시아에 살았던 네안데르탈인과 데니소바인* 같은 멸종된 집단에서 발견된 개수보다 훨씬 더 많은 것을 확인할 수 있었다.

농업과 정착 생활의 확대, 곡물 생산 관리를 통해 인간은 식단을 보충할 수 있는 손쉽고 정기적인 식품 공급원을 얻었다. 곡물을 으깨 가루로 만드는 것은 모유 수유를 멈춘 아기에게 먹일 죽을 준비하는 데 유용했다. 이 덕분에 젖을 뗀 어머니는 다시 가임 주기에 들어갔고, 그 결과 인구 팽창에 유리한 또 다른 요인이 추가되었다. 하지만 곡물에 탄수

---

* 신생대 제4기 후기에 살던 화석 인류로 2008년 7월 시베리아의 알타이산맥에 있는 데니소바 동굴에서 4만 1,000년 전의 손가락뼈와 어금니 화석이 발견되면서 알려졌다.

화물이 풍부하고 얻기 쉽다고 해서 전분에 과도하게 의존하는 식단을 계속하면 영양이 부족하다. 그래서 살이 쪄도 영양은 부족할 수 있다. 주로 곡물과 전분으로 이루어진 식단에서 부족한 것은 바로 비타민D다.

필라델피아의 펜실베이니아 대학의 유전학자인 이언 매디슨Iain Mathieson과 동료들은 4,000년 전 유럽 농경 민족의 비타민D 부족과 이 집단에 나타난 피부색이 밝은 돌연변이 사이의 관계를 밝혔다. 더 밝은 피부(멜라닌 색소가 적음)는 자외선 흡수를 촉진하는데, 자외선은 비타민D 합성에 필요하다. 그에 따르면, 주로 곡물을 섭취하며 살았던 주민의 비타민D 결핍은 더 밝은 피부를 유발하고, 이처럼 비타민D의 합성을 돕는 유전자의 양성 선택Positive selection**을 선호했다. 이로써 알 수 있는 것은 문화(이 경우에는 특정 생활 방식과 경제)는 생물학적 진화에 영향을 미친다는 사실이다.

하지만 곡물 소비에 대한 적응이 그렇게 중요했다면, 곡물이 도입되고 1만 년이 지난 지금까지 이런 음식에 불내증을 앓는 사람이 많은 이유는 무엇일까? 전 세계 인구의 최대 1.4퍼센트가 셀리악병Celiac disease을 앓는다. 밀과 보리, 호밀 및 귀리와 같은 일부 곡물의 씨앗에 있는 단백질인

** 특정 유전자형을 가진 개체가 다른 유전자형을 가진 개체보다 생존이나 번식에 유리해서, 그 유전자형이 다음 세대로 전달될 가능성이 더 큰 것

글루텐에 불내증을 보이는 증상이다. 분명히 이 글을 읽는 독자들 중에도 셀리악병을 앓거나, 겪고 있는 사람을 알고 있을 것이다. 이들의 식단에서 글루텐을 제거하면 구토와 설사, 메스꺼움, 피로와 같은 증상을 통제할 수는 있지만 여전히 불편할 것이다. 연구에 따르면, 셀리악병과 관련된 유전자는 양성 선택이 되었다. 즉 해로운 영향을 끼치지만 자연 선택으로 제거되지 않았을 뿐만 아니라 이점을 제공하기 때문에 지속해서 발현된 것이다. 그렇다면 어떤 이점이 있는 걸까? 우리가 제정신이 아닌 걸까?

네덜란드 위트레흐트 대학병원의 알렉산드라 제르나코바Alexandra Zhernakova가 이끄는 연구팀을 포함한 여러 연구에서 셀리악병에 걸리기 쉬운 유전자가 감염에 대한 보호 기능도 담당한다는 사실이 밝혀졌다. 이를 봤을 때 셀리악병 그 자체가 양성 선택 되었다는 뜻은 아니지만, 전반적으로는 우리 종에 중요한 이점을 제공하는 유전자의 결과로 나타났음을 알 수 있다. 우선 이들은 박테리아 감염에서 보호될 가능성이 높다. 즉 개인의 면역 체계에는 해로울 수 있지만 전체적으로 보면 적응적이다. 이는 진화 의학에서 매우 중요한 개념인 다면발현성의 사례가 될 것이다. 기억할지 모르겠지만 이 개념은 이미 첫 번째 장에서 소개했다. 같은 유전자가 다른 영역들에서 악영향을 끼치더라도 중요한 순간에 긍정적인 결과를 가져올 수 있다는 것이다. 새로운 적응으로 얻은 이점이 잠재적인 불편함보다 우위에 있을 때의 타협안인 셈이다.

이 장에서는 우리 종의 음식과 관련된 많은 문제가, 인류가 탄생한 세상과 오늘날 우리가 사는 세상과의 불일치 때문임을 알게 되었다. 생물학은 뇌처럼 필요한 것이 많은 기관에 높은 열량을 축적하도록 진화했지만, 오히려 오늘날 해부학적 측면에서는 시대에 뒤떨어지게 되었다. 만일 우리에게서 옷과 머리카락과 피부를 벗겨내고 뼈대만 남긴다면 20만 년 전 최초의 호모 사피엔스와 별 차이가 없다는 사실에 놀랄 것이다. 하지만 인간의 생활 방식은 근본적으로 변했다. 야외 생활과 사냥과 채집, 강도 높고 힘든 신체 활동에 최적화되었던 몸은 이제 하루 중 적어도 4분의 3은 앉아 있거나 누워 있게 되었다. 이런 신체 활동 부족은 과체중과 고혈압, 관상 동맥 위험, 당뇨병 경향, 근육 및 관절통과 같은 일련의 건강 문제를 유발한다.

심리적인 문제도 예외는 아니다. 우리는 플라이스토세 후기에 존재했던 바로 그 인류와 같지만, 지금의 세상은 그때와 전혀 다르다. 때때로 우리 안에 사는 수렵 채집인은 우리에게 도와달라는 신호를 보내며 밖으로 나가서 산책하고, 체육관에 가고, 운동하며 목적 없이 그저 달리라고 독려한다. 이것이 우리 안에 살면서 궁지에 몰린 플라이스토세의 호모 사피엔스를 기분 좋게 밖으로 풀어주는 방법이다. 얼마 전까지만 해도 자연은 우리 집의 일부였다. 하지만 지금 인간은 황금 우리 안에 갇혀 살며 문이 열려 있어도 겁을

내며 나가지 못한다.

승리를 위하여!

동물의 섭식 특이성Dietary specialization은 생존에 매우 중요하기 때문에 생물을 분류하는 데 사용된다. 즉 육식동물, 초식동물, 열매를 주식으로 삼는 동물, 곤충을 잡아먹는 식충생물 등으로 분류할 수 있는데, 인간의 경우는 잡식성 동물로 고기와 채소를 모두 먹는다. 멜버른 대학교 해부학 및 신경과학부의 존 바튼 퍼니스John Barton Furness와 연구팀은 한 단계 더 나아가 우리 종을 위해서 '요리하는 동물'이라는 용어를 만들어냈다.

오늘날 요리를 하지 않는 인간 집단은 없다. 열량 섭취량의 78퍼센트 이상은 가공식품이고, 대부분은 조리된 것이다. 미국에서는 구매한 식품의 60퍼센트가 '즉석 섭취 식품Ready To Eat, RTE'으로 분류되고, 이중 15.2퍼센트는 '즉석조리(완조리) 식품Ready To Heat, RTH'으로 표시된다. 고고학적 증거에 따르면, 적어도 30만~40만 년 전에 인간은 이미 음식을 준비하기 위해 불을 사용했다. 2012년에 방문할 기회가 있었던 이스라엘의 케셈Qesem 유적지에는 아궁이를 반복적으로 사용해서 쌓인 재의 연속적인 층과 함께 여러 모닥불 잔해가 보존되어 있다. 이곳은 흥미로운 장소인

데, 화석 분석에 따르면 불의 통제가 반드시 '사피엔스의 발명품'이 아니라 네안데르탈인의 발명품일 수도 있다는 사실이 밝혀졌기 때문이다. 이스라엘의 게셰르 베노트Gesher Benot 지역에는 약 80만 년 전에 불을 통제하며 사용했음을 보여주는 더 오래된 증거가 남아 있다. 하지만 일반적으로 매우 초기의 증거는 예외적이거나 조금 의심스럽다. 가장 보수적인 해석에 따르면, 인간은 1만 세대 이상 불을 길들이며 살아왔다. 즉 50만 년 전에는 불이 평소에 사용하던 도구 중 하나였을 것이다.

그리스 신화를 보면 프로메테우스는 신에게 불을 훔쳐 인간에게 준다. 이 때문에 그는 인류 문명의 수호 거인으로 여겨진다. 불빛 속에서 번성한 영장류인 호모 사피엔스에게 프로메테우스보다 더 중요한 대부는 상상할 수 없을 것이다. 불이 우리에게 주는 혜택은 익히 알려져 있다. 동물을 겁주고, 열을 제공하고, 낮 시간을 늘려주고, 사교 모임을 촉진하고, 요리하게 해준다. 요리는 음식의 씹기, 삼키기, 소화를 촉진할 뿐만 아니라 일부에 포함된 탄수화물, 단백질 및 지질의 추출 효율을 높인다. 또한 세계적인 건강 문제인 살모넬라증이나 리스테리아증과 같은 감염의 원인이 되는 균을 죽이거나, 식품에 있는 독소를 없애는 중요한 역할도 한다.

아마도 불과 그 주위에서 식사하는 것은 우리의 사회적 결속을 위한 주된 습관의 방아쇠가 되었을 것이다. 스페인에 사는 사람들은 그것의 선구자이자 전문가라고 할 수 있다. 스페인에는 식탁 대화 문화*가 있다. 우리는 이것을 자랑스러워해야 한다. 별것 아닌 것처럼 보일 수도 있지만 영국의 빅 런치 프로젝트The Big Lunch Project**로 알려진 약 2,000명의 습관에 대한 대규모 분석에 따르면, 다른 사람들과 함께 식사하는 사람들은 그렇지 않은 사람들에 비해 더 행복하고 만족스러운 삶을 살고, 더 자신감 있고 친사회적인 경향을 띠었다. 이 연구에서 닭이 먼저인지 달걀이 먼저인지는 알 수 없었다. 즉 사람들이 원래 사교적이어서 함께 먹는 건지, 아니면 함께 먹어서 더 사교적으로 되었는지는 검증할 수가 없었다. 하지만 어쨌든 함께하는 식사는 엔도르핀을 활성화한다. 엔도르핀을 생성하는 웃음과 노래, 이야기 나누기 같은 다른 공유 활동을 촉진해 집단 응집력을 높여준다. 이를 봤을 때 함께 먹기는 사회적 결속력을 높이는 메커니즘으로 진화했을 수 있다.

나는 이 장을 시작하면서 내가 아주 가깝게 느끼는 사랑하는 조지아 친구들에 관해 이야기했다. 지리적 차이 — 또 누군가에는 문화적 차이 — 에도 불구하고, 조지아인은 스페인 사람들처럼 식후 나누는 담소와 건배를 매우 중요

---

* 소브레메사(Sobremesa), 식사를 마친 후 여유롭게 대화를 나누는 스페인 전통 식사 문화
** 이웃과 만나 음식을 나눠먹으며 정을 쌓는 영국의 도시재생 프로젝트

불완전한 인간

시한다. 그래서 조지아의 식탁에는 건배를 위한 화려한 도구와 절차가 있다. 가장 높은 위치의 사람이 주최자 또는 건배 제안자인 '타마다Tamada' 역할을 맡는다. 그리고 이 건배에는 재미있는 입담이 더해진다. 건배는 엄숙한 건배사인 '가오마르조스gaumarjos'라는 말로 끝맺는다. 이 말은 '승리를 위하여'라는 뜻으로 동부 이베리아 주민들의 용감하고 호전적인 과거를 보여준다.

건배를 하는 사람들은 각각 자기 순서 전에 이야기를 한 사람과 경쟁한다. 또한 남성들은 '타마다', 즉 건배 제안자가 말하는 동안 서 있어야 한다. 이때 가족과 조상들을 언급하는 사람은 특히 더 큰 호응을 얻는다. 물론 이것은 우리 고인류학자들이 좋아하는 주제이기도 하다. 나는 조지아의 드마니시 유적지 근처 저녁 식탁에서 나눈 담소가 조지아 사람들과 형제애를 키우는 데 중요한 역할을 했다고 확신한다. 플라이스토세의 화산재와 중세 유적이 보이는 곳을 배경으로 빵과 와인을 함께 먹고 엔도르핀을 나누는 것은 우정을 견고하게 하는 데 큰 도움이 되었고, 덕분에 이 관계는 수십 년 간 이어졌다. 건배를 청하는 것보다 이 장을 마무리할 더 좋은 방법이 떠오르지 않는다. 독자 여러분, 가오마르조스!

9

아스팔트로 만들어진 낙원

독소와 알레르기에 대하여

지난 몇 년 동안 우리 사회에는 오늘날의 문명을 악마화하고 대신 동굴 같은 과거를 이상화하려는 움직임이 있었다. 예전 플라이스토세의 삶과 사냥 및 채집 생활 ── 기본적으로 야외 생활 ── 을 평화로운 목가풍의 분위기로 재현한 것이다. 이는 소위 '신석기 시대의 사기'로 불리는 농업 혁명 이후와는 대조적인 생활이다. '사기'라고 주장하는 입장에서는 정착 생활이 농업과 목축을 통해 필요한 자원을 확보하려는 통제의 결과라고 비난한다. 즉 자연 지배의 성공으로 건강하지 못한 일상생활을 하게 되었고, 이것이 우리를 일과 생산의 노예로 만들었다는 주장이다. 이는 이스라엘 역사가 유발 하라리Yuval Noah Harari의 베스트셀러인 『사피엔스Sapiens』의 핵심 주제 중 하나다. 앞장에서 이야기한 몇 가지 측면에서 보면 이 비판적 분석도 일리는 있다. 나는 그것을 '구석기 우울감*'이라고 부르는데, 사회는 더 자연스럽고 건강하며 독성이 적을 것이라고 상상하는 구석기의 삶으로 돌아가기를 갈망한다고 주장한다는 것이다. 여기에 따르면 '구석기 우울감'은 새로운 유해 환경들에 노출되면서 시작되었다. 유해 환경 노출은 직접적일 수도 있고 토양과 공기, 수질 오염으로 우리 먹이사슬에서 도달하는 폐기물 형태로 간접적으로 발생할 수도 있다. 살충제와 과도한 방부제, 첨가물, 매연, 방사성 원소, 중금속 또는 미세 플라스틱 등이 새로운 세계를 이루고 있다. 이 부분에 대해서는 아직 더 알아보아야 한다.

우리는 앞에서 담배, 알코올, 석면 흡입 또는 치료용 방사선과 같은 '새로운' 독소와 높은 암 발병률 사이의 관계를 이야기했다. 이렇게 보면 과거의 삶이 훨씬 더 건강하고, 사자의 입속으로 들어갈 위험을 제외하고는 주변에 두려워할 대상이 거의 없다는 결론을 내리기가 쉽다. 하지만 놀랍게도 플라이스토세 기간에 일상에서 가장 위험한 요소는 스밀로돈**의 톱니 모양 송곳니가 아니라 자연에 존재하는 독소 식물들이었다.

---

* 구석기 시대인들처럼 살고 싶어 하는 데서 비롯된 우울감을 뜻한다.

** 대략 250만 년 전에서 1만 년 전까지 남북아메리카에서 생존했던 검치호랑이의 가장 대표적인 속

불완전한 인간

다양성 속에 미각이 있다

식물학 관련 논문들에는 섭취 시 죽음에 이르거나 인간에게 유해 영향을 미치는 엄청난 식물 종에 관해 자세한 설명이 나온다. 가장 위험한 식물에는 우리가 매일 먹는 일부 식물도 포함되는데, 과도한 양을 먹으면 해로울 수 있다. 하지만 식물들의 독성은 우연이나 변덕으로 나타나는 것이 아니라, 식물을 먹는 동물로부터 자신들을 지키기 위해서이다. 생명체의 보편적 필요에 따라 나타나는 반응인 셈이다. 식물은 도망칠 수 없으므로 진화 과정에서 초식동물이나 인간을 포함해 식물을 먹을 가능성이 있는 다른 동물에 대항할 다양한 무기를 얻게 되었다.

예를 들어 알칼로이드Alkaloid는 식물의 독성을 일으키는 화합물로 보통 쓴맛이 난다. 토마토 식물의 잎부터 벨라돈나풀Belladonna***, 도토리, 커피, 감자, 버섯에 이르기까지 알려진 모든 식물 종 중에서 약 10퍼센트에 들어 있다. 알칼로이드는 신경계, 소화계, 순환계, 근육계 및 호흡계에 영향을 미칠 수 있고, 양에 따라 단순한 소화불량부터 심정지나 다발성 장기 부전에 이르기까지 다양한 결과를 초래할 수 있다. 알칼로이드 외에 타닌, 아질산염이나 글리코시

***　가지과에 속하는 여러해살이 초본 식물로 잎과 열매는 트로판 알칼로이드 성분을 포함해 매우 유독하다.

드도 있는데, 모두 자원식물[Plant resources, 이미 이용되거나 잠재적 이용 가치가 인정되는 식물 통칭]의 자연 성분이다. 따라서 '자연적'인 것이 건강한 것과 동의어라는 생각은 접어두길 바란다.

오늘날 인간은 특이한 사례나 계절마다 피하지 못하는 전형적인 버섯 중독 사례를 제외하면, 특히 이런 위험이 도사리던 플라이스토세 때보다 안전하게 지낼 가능성이 훨씬 더 크다. 수십만 년 전에는 음식의 화학적 구성을 분석하는 식물학 논문이나 기술이 없었기 때문에 호미니드들은 위험한(때로는 치명적인) 방법으로 시행착오를 겪어가며 식용 가능한 식물을 구별하는 법을 배웠다. 그들은 음식에 들어 있을 독소를 제거할 수 있는 불을 사용하지도 않았다. 길들지 않은 작물들도 있는데, 감자와 같은 일부 식물은 특히 야생종일 경우 독성이 매우 높았다. 따라서 '구석기 우울감'을 호소하는 사람들은 우리 조상들이 수십만 년 전 겨울의 매서운 추위에서 떡갈나무 새싹이나 도토리를 먹고 배를 채우다가 중독에 걸리고, 굶주림 때문에 죽을 뻔한 위험에 처했을 수도 있다는 사실을 기억하길 바란다. 그러나 지금도 우리 안에는 식물의 잎과 줄기, 씨앗, 열매가 가진 피할 수 없는 위험에도 불구하고 그것들이 자연 상태에서 가장 풍부하고 안정적인 식량 자원이었을 때 자신을 지키던 방법에 대한 기억이 여전히 남아 있다.

많은 사람들이 나이가 들면 음식 취향이 변하고, 청소

불완전한 인간

년기가 지나면 어릴 때 끔찍하게 싫어했던 것들을 먹어보게 된다. 보통 아이들이 가장 싫어하는 것으로는 콩류와 채소, 그중에서도 특히 방울양배추, 근대, 브로콜리처럼 맛이 강한 재료들이다. 정확히 말하면 이것들은 보통 우리가 먹는 양으로는 해가 없지만 독소 함량은 높은 편이다(모든 것이 분량의 문제다. 물도 많이 먹으면 치명적일 수 있음을 잊지 말아야 한다). 이제 우리는 아이들이 선천적으로 콩류와 채소를 싫어하는 것이 단순한 변덕이 아니라 유전적 적응에서 우위일 수 있음을 이해해야 한다. 즉 보는 것마다 입에 넣고 위험을 분별할 수 없는 나이에, 중독을 일으킬 수 있는 잠재적 위험으로부터 자신을 보호하려는 본능적인 반응일 수 있다. 오늘날 가정에서는 유독성 제품을 아이 손이 닿지 않는 곳에 둔다. 대부분 어른만 열 수 있는 안전 캡도 달려 있다. 하지만 들판이 곧 아이들의 놀이터였던 선사 시대에는 누가 말해주지 않아도 먹지 말아야 할 것을 즉각 거부하는 것보다 좋은 적응 방법은 없었을 것이다. 따라서 아이들이 콩과 채소 접시를 밀치고 먹지 않으려는 행동이 조상의 생존 본능을 따르는 것임을 이해한다면 편식하는 아이들을 인내하는 데 도움이 될 것이다.

이와 비슷한 예로 임신 초기에 많은 여성이 경험하는 입덧이 있다. 이것도 또 다른 선천적 방어 메커니즘일 수 있다. 임신한 여성은 특별하고 예민한 시기에 특정 음식에 대한 거부감을 드러내는데, 때에 따라서는 매우 불편해한다.

더 힘이 필요하고 즐거워야 할 시기에 왜 이런 불쾌감이 생기는 걸까? 흥미롭게도 이런 메스꺼움은 태아가 가장 약한 단계인 첫 3개월 동안에 나타나고 이후에는 보통 가라앉는다. 이 단계에서 태아에게 가장 큰 세포 분화가 일어나고, 이때 결함이 생기면 이후 세포 증식 및 발달 과정에 영향을 미칠 수 있다. 따라서 입덧은 태아가 가장 취약한 시기에 음식을 제한하고 유해 물질에 대한 노출 위험을 줄이기 위해 고대로부터 이어진 유전적 반응일 수 있다.

위험을 피하기 위한 또 다른 기본 경보 시스템은 미각과 관련이 있다. 이전 장에서 우리는 미각이 인간에게 필요한 것(포도당)을 감지하기 위해 진화했음을 알았다. 단 음식을 선호한다는 것은 설탕 용액을 처음 먹은 신생아가 좋아하는 것만 봐도 알 수 있다. 그러면 우리는 먹지 말아야 할 것을 감지하도록 진화한 걸까? 앞서 언급한 알칼로이드와 같은 독소 때문에 생기는 채소의 쓴맛은 잠재적인 독성을 경고한다. 쓴맛을 식별하는 능력은 식단에서 잠재적으로 해로울 수 있는 화합물을 알아내기 위한 중요한 이점을 제공한다. 이런 상황으로 볼 때 맛에 민감한 것이 얼마나 중요하고 유용한지 짐작해볼 수 있다. 그러나 상대적으로 많은 사람이 알칼로이드나 타닌 함량이 높고 맥주, 차 또는 와인처럼 쓴맛이 나는 특정 화합물에 특별한 매력을 느끼기도 한다. 그리고 음식과 음료에 대한 미각은 사람마다 다 다르다. 오늘날 쓴맛 수용체는 소위 T2R 계열의 유전자 그룹에 의해 암호화되는 것으로 알려져 있다. 이것은 여러 염색체에 분포된 최대 15개의 다른 유전자로 이루어지는데, 빠르게 진화하고 변화하며 개인과 집단에서 매우 다양하게 나타난다. 다양한 음식이 있어서 미각이 존재하는 것 같기도 하고, 아니면 많은 미각이 있어서 다양한 음식이 있는 것 같기도 하다. 하지만 왜 이렇게까지 다양한 걸까?

우선 쓴맛에 대한 극단적 혐오감은 균형 잡힌 식단의 필수 요소인 채소를 먹지 못하게 할 것이다. 우리는 적절한 양의 독소를 섭취하면 치료 효과가 있다는 사실을 깨닫지 못한 채 항상 독소가 몸에 해롭다는 말만 한다. 대부분 의약품은 식물에 들어 있는 화합물의 세심한 가공을 통해 나온다. 쓴맛 수용체의 유전적 분석에서 일부 나무껍질에서 생성되는 배당체Glycoside*인 살리신Salicin을 감지하는 능력과 관련된 변이를 확인했다. 살리신은 천연 진통제로 작용하는데 아스피린이라고도 알려진 아세틸살리실산의 원료다. 이 경우, 쓴맛에 대한 민감성을 높이는 돌연변이는 치료에 유용한 화합물을 인식하는 데 유리한 적응적 기능을 가질 수 있다. 아스투리아스의 엘 시드론El Sidrón 유적지에서 네안데르탈인의 치석이나 치석에 낀 식물의 잔해를 분석한 결과, 숲이 우거진 지역에서 나온 잣, 이끼, 버섯의 잔해와

---

* 당분자가 글리코시드 결합을 통해 다른 작용기와 결합한 분자를 총칭하며, 주로 식물에서 많이 발견된다.

일부 '먹을 수 없는' 식물의 잔해가 발견되었다. 그중에는 아스피린 활성 성분을 함유한 버드나무 껍질도 있었다. 또 항생균인 '페니실리움'[Penicillium, 페니실린의 원료이고 푸른곰팡이로 알려짐]은 초본 식물 표본에서 발견할 수 있고, 그 유전적 서열을 분리할 수 있었다. 종합해보자면 이런 발견은 치아 감염으로 고통받은 네안데르탈인이 이 성분을 약으로 먹었을 가능성을 시사한다.

다른 한편으로 다양한 미각 수용체의 발현은 지리적 분포의 특징을 보이기도 한다. 유니버시티 칼리지 런던의 니콜 소란조Nicole Soranzo와 연구팀은 아프리카의 일부 인구가 쓴맛에 대한 민감도가 낮다는 사실을 밝혔다. 그 일부 인구들은 오늘날 우리가 아는 특정 식물 섭취에 대한 반감이 적은데, 이 식물은 이 집단의 풍토병인 말라리아 치료에 유용한 것들이다.

미각 수용체의 다양성은 이 책에서 많이 반복한 의견에 힘을 실어준다. 즉 진화는 흑백으로 나눌 수 없다. 자연선택은 타협적인 해결책을 찾아 나가면서 길을 여는데, 특정 환경에서 유익한 유전적 변이가 또 다른 환경에서는 해로울 수 있기 때문이다. 개체군 내에서 또는 개체군 간에 표현형변이Phenotypic variation*가 존재하는 순간부터, 즉 개체

---

    *   개체들의 형질이 서로 다른 것으로, 같은 유전자를 가진 개체들도 외부 환경이나 내부 상황에 따라서 다르게 나타날 수 있다.

가 달라지는 순간부터 질병은 생길 수밖에 없다. 왜냐하면 일부 개체는 특정 환경에 다른 개체보다 더 잘 적응할 수밖에 없기 때문이다. 이런 다양성은 우리 생물학이 변화하는 상황에 대처해야 할 때 유리하게 작용한다.

메스꺼움이나 거부감 같은 회피 행동은 독소를 막는 최전방 방어선이 될 것이다. 만일 이미 그것들을 먹었다면 우리 몸은 어떻게 될까? 유해 물질 중 일부는 위액과 소화 효소로 변형될 수 있다. 만일 위나 장에서 흡수되면 주요 해독 센터인 간으로 이동한다. 하지만 몸에 독소가 많아지면 간이 처리할 수 없고, 처리할 수 없는 과도한 유해 물질은 혈류를 통해 빨리 움직이면서 모든 민감한 조직에 영향을 미친다. 이러한 악영향은 뱀에 물리거나 독버섯을 먹은 경우처럼 매우 빠르고 파괴적일 수 있다. 이렇게 위급한 상황이 생기면 우리 몸은 빠르게 대응한다. 때로는 그 반응이 과하거나 무차별적이기도 하지만 촌각을 다투는 상황에서는 이런 반응이 효과적일 것이다. 이 반응은 불편한 알레르기를 유발하는 것과 같은 면역글로불린EIgE 메커니즘으로 측정할 수 있다. 이것에 대해 살펴보도록 하자.

공주와 완두콩

인구의 최대 25퍼센트가 알레르기로 고통을 겪는다. 우리 몸이 어떤 물질에 대해 해롭다고 인식하지 말아야 할 것까지 해롭다고 여기는 '과도한' 방어의 결과다. 이 증상은 매우 심각한 건강 문제를 일으킨다. 우선 전 세계 인구의 최대 10퍼센트가 자가면역 질환을 앓고 있다. 신체가 바이러스, 박테리아, 곰팡이, 기생충과 같은 외부 인자에 공격을 지시하는 대신 자기 조직을 공격하는 질환이다. 도대체 이들의 몸 안에서 무슨 일이 벌어지고 있는 걸까? 병원체 방어가 중요한데 왜 우리는 공격하지 말아야 할 곳에 무기를 낭비하고 자신의 신체 기관과 시스템을 적으로 삼는 걸까?

전염병과 관련된 장에서 적응 면역이나 특이적 면역이 어떻게 작용하는지 간략하게 설명했다. T세포에 의해 중재되는 이 방어 반응은 항체 —— 매우 유명한 면역글로불린 GIgG —— 형성을 자극함으로써 공격하는 병원체를 중화시킨다. 그러나 우리 백혈구는 종종 또 다른 유형의 항체인 면역글로불린 E도 만든다. 그리고 이것은 비만 세포Mast cell라고 불리는 세포막과 결합해서 특정 물질과 접촉하면 몇 분 안에 화학 물질의 폭발을 일으킬 수 있다. 면역글로불린 E 체계는 마치 대포로 파리를 죽이려는 것처럼 보일 수도 있는데, 알레르기 반응의 배후이기도 하다. 보통 '비 알레르기' 면역 반응은 병원체에 적절하지만 '알레르기' 반응은 꽃가루나 일부 음식처럼 실제로 적이 아닌 것에 보이는 과도한 반응이다. 그래서 때로는 치료가 질병보다 위험해 보인다. 그렇다면 이렇게 강력하고 치명적인 반응이 우리에게 과연 무슨 도움이 되는 걸까?

　일부 이론에 따르면, 면역글로불린 E 체계의 기원은 기생충 퇴치에 있다. 보통 이 기생충들은 '지렁이 모양'으로 알려져 있고 시종일관 인간을 감염시켜왔다. 이 이론은 기생충이 방출하는 물질이 특히 면역글로불린 E의 부분적 생산을 촉진한다는 관찰에 근거한다. 하지만 현대 위생법으로 이런 기생충들이 대거 퇴치됨으로써 면역글로불린 E 시스템은 불필요해지고 '교수형'에 처해졌을 것이다. 따라서 알레르기는 이제 덜 필요하고 덜 바빠지며, 방어 체계 일부의 오작동으로 해석된다. 마치 실제로는 없는 귀신을 보려고 애쓰는 꼴이다. 이 시스템은 수많은 기생충을 처리하기 위해 진화했지만 지금은 적은 양으로도 염증 및 자가 면역 증가를 일으킬 수 있다.

　이에 대해 캘리포니아 대학의 생화학 및 분자 생물학과에서 연구 중인 마지 프로핏Margie Prophet은 흥미로운 대안을 내놓았다. 그녀에 따르면, 면역글로불린 E로 인한 알레르기는 주로 독소 방어 형태로 진화했다. 알레르기 증상에는 눈물, 콧물, 기침, 재채기, 구토, 설사 및 반응 물질을 제거하기 위해 긁도록 유도하는 가려움 등 다양한 배출 전략이 있다. 또한 말초 혈액 순환과 혈압 감소로 적군이 혈류에 들어가 몸 전체로 퍼지는 것을 막아준다. 하지만 공격을 완화하려다가 몸이 붕괴하는 것과 같은 아나필락시스 쇼크Anaphylactic shock를 유발할 수도 있다. 이 모든 것은 즉각적인 위험으로부터 자신을 방어하려는 시도이다. 따라서 이럴 때는 반응 속도에 생사가 달려 있다. 많은 중독 상황에서는 무엇보다도 신속함이 중요하다. 알려진 것처럼 독사에 물리거나 벌 떼에 쏘이거나 독버섯을 먹으면 대처할 여유도, 병원에 갈 시간도 없는 의학적인 위험 상황으로 이어진다. 그러면 신체는 독소에 대한 마지막 방어선인 면역글로불린 E 비상 시스템을 가동한다.

흥미롭게도 알레르기 수치는 주로 산업화 사회에서 증가하고 있다. 이에 관한 설명 중에는 소위 '위생 가설Hygiene hypothesis'이 있다. 어린 시절에 감염원에 적게 노출되면 면역 질환을 더 많이 겪을 수 있다는 것이다. 이 가설의 배경을 추론하면, 우리 몸은 과잉보호를 받는 응석받이와 같다. 현실과 동떨어져 있고 진짜 적을 인지하고 방어하는 훈련이 덜 되어 있다. 우리 몸은 낯선 것, 자연의 일부지만 아직 익숙하지 않은 물질에 위협을 느끼면 무조건 공격한다. 말하자면 '공주와 완두콩' 이야기와 비슷할 것 같다. 왕비는 자기 아들과 결혼할 후보자 중 진짜 공주를 찾아내려고 침대 위에 놓인 매트리스 더미 아래에 완두콩을 둔다. 진짜 공주라면 아무리 침대에 푹신한 이불을 많이 깔아도 그 아래 완두콩이 있음을 알아차리고 불편해할 것이라고 예상했기 때문이다.

오늘날 자연과 멀어진 생활에 익숙해진 인간은 지나치게 예민한 경보 시스템을 가진 공주와 같을지도 모른다. 이

불완전한 인간

것은 우리가 참을 만한 일도 못 참을 것 같다고 느끼게 하므로 어떤 면에서는 도움이 되지 않는다. 이런 과민성이 현재 도시와 같은 산업화 환경에서 많이 발생하는 알레르기와 천식 및 아토피 질환의 배후로 여겨진다. 하지만 이 가설은 '너무 깨끗하면' 염증과 알레르기가 생기기 쉽다는 위험한 주장을 포함해 많은 혼란과 오해를 불러일으켰다. 위생은 여전히 병원체와 독소로부터 우리를 보호하는 가장 유용하고 보편적인 방법이며, 산업화 환경에서 알레르기는 정확히 그 반대 때문일 수 있다.

먼지와 진드기가 더 쉽게 쌓이는 소지품, 가구, 카펫으로 가득 찬 실내, 매일 호흡하는 공기의 오염은 병원균에 대한 자기방어 반응을 활성화할 수 있다. 또한 수렵 채집 인구는 어떤 식물과 과일 또는 곤충이 부작용을 일으켰는지 쉽게 알 수 있지만, 산업사회에서는 가공식품의 화합물이나 방부제가 얼마나 자주, 그리고 어떤 것이 알레르기를 유발하는지 식별하기가 훨씬 더 어렵다. 화장품과 세척 제품도 마찬가지다. 비누와 샴푸, 크림, 화장품, 의류 염료의 어떤 성분이 괴로운 알레르기 반응을 일으키는지 확인하기가 어렵다. 우리가 아는 건 면역 체계가 교차 효과와 중복 메커니즘을 가진 매우 복잡한 장치라는 사실뿐이다. 보통 면역 체계는 연기 감지기처럼 작동하기를 좋아한다. 필요할 때 작동하지 않는 것보다는 필요하지 않을 때에도 작동하는 편을 선택한다. 면역 반응이 강한 사람들은 감염 증상으로부터 더 잘 보호받을 수 있지만, 동시에 염증 및 자가면역 질환에 걸릴 위험이 더 크다. 그런 방어 체계는 특정 환경에서는 필요했겠지만, 새로운 장소로 이동하거나 개척하게 되면서 환경이 변했고, 그 결과 위협 요인도 달라졌을 것이다. 이 면역 체계의 복잡성은 아직 완전히 이해되지는 않았지만, 많은 이점을 제공하는 동시에 부작용을 일으키기는 유연함을 발휘한다. 어쨌든 그 덕분에 우리는 새로운 곳으로 여행하고 정착할 수 있게 되었다. 인간의 특이 면역은 매우 복잡한데, 그 복잡성을 더해줄 말 그대로 살아 있는 강화 시스템이 있다.

우리 몸 속 '살아 있는 숲'

산 살바도르 데 세세브레에는 숲이 있다. 그 숲은 소리를 내고 소통하고, 나무들이 서로 이야기를 나눈다. 그 숲은 살아 있다. 게다가 기분에 따라 다른 소리를 낸다. 숲은 낮에 하는 말과 밤에 하는 말이 다르다. 숲은 맑을 때의 소리와 비 올 때 소리가 다르다. 계절이 변하면 숲도 변한다.

스페인의 소설가인 원세슬라오 페르난데스 플로레스 Wenceslao Fernández Flórez가 쓴 『살아 있는 숲El bosque anima-do』에서 산 살바도르 데 세세브레의 숲을 소개하는 장면이다. 여러 개의 장으로 구성된 이 소설은 갈리시아 숲에 사는 인간과 동식물의 모험을 다루는데, 이들은 모두 하나의 생명을 살리기 위해 모여든다. 이 책이 내게 특별한 이유는 수많은 생명의 이야기에서 하나의 생명, 즉 숲의 독특한 초상화가 나타나기 때문이다. 그리고 이것이 우리 인간의 현실을 보여준다.

모든 인간의 안에는 큰 생명이 있다. 여기에서 크다는 말은 대단하다는 뜻이 아니라 문자 그대로 대규모라는 뜻에 가깝다. 우리 체중의 최대 2킬로그램은 장에 서식하는 미생물들의 무게다. 소위 '미생물군microbiota'의 일부로, 우리 소화계 전체를 장악한 약 400억 개의 박테리아다. 몸의 또 다른 기관이라 여기는 사람이 있을 정도로 그 세계는 방대하다. 그렇게 우리 하나하나는 진정한 살아 있는 숲이다. 우리 몸 안에 우리가 아닌 다른 유기체의 DNA로 가득 차 있다고 생각하면 놀라우면서도 살짝 끔찍하지 않은가? 세포의 최대 50퍼센트가 미생물이라는 사실은 또 어떤가? 이 미생물군은 말 그대로 살아 있는 생태계로 나이와 식단, 자란 환경, 감염 여부, 그리고 동물과 함께 사는지, 항생제를 복용하는지에 따라 변한다. 그러면서 신진대사, 소화, 호르몬 조절, 면역 체계와 관련된 기본 기능을 수행하는데, 이는 우리의 면역 체계가 어머니를 비롯한 상호작용하는 다른 생명체, 그리고 주변 환경에서 얻은 미생물 세계에 의존함을 의미한다.

예를 들어 미생물군의 존재는 맹장에 대한 흥미로운 사실을 알려준다. 대장에 있는 손가락만 한 크기의 맹장은 감염되어 제거해야 할 때만 우리에게 소식을 전한다. 오랫동안 우리는 맹장이 맹장염만 일으킬 뿐 좋은 점이라고는 하나도 없는 퇴화의 흔적이라고 여겼다. 하지만 지금은 이에 대한 다른 의견이 나오고 있다. 그것은 사라지지 않았을 뿐만 아니라 동물 세계, 특히 장 감염이 쉽게 퍼지는 대규모 군집 종에서 여러 차례 진화했다. 맹장은 장내 내용물의 일반적 흐름에 직접 노출되지 않는 장내 미생물을 배양하는 진정한 농장으로, 미생물군이 변형될 때 이를 재생하는 저장소 역할을 한다. 따라서 맹장 수술을 하면 '클로스트리듐 디피실리균Clostridium difficile' 감염에 취약해진다.

우리 몸에는 박테리아들뿐만 아니라 기생충도 있는데 이들은 '불법점거를 하며 공생해' 나간다. 불법 점거한 몸을 파괴하지는 않지만 우리의 노력에 빌붙어 살아가며 번식한다. 특히 기생충이나 해충은 수십만 년 동안 우리와 함께 살고 있으며, 우리도 여기에 어느 정도 익숙해졌다. 기생충은 지구 전체에서 가장 성공적인 감염원으로, 현재 15억 명 이상의 사람들 안에서 살아가고 있다. 그런데 이들은 어떻게 우리의 방어 체계를 계속 속일 수 있었을까?

그 답은 정교한 위장 시스템에 있다. 기생충들은 면역 체계 반응을 억제, 약화 또는 '방향 전환'을 할 수 있고, 특히 T세포와 관련된 회로에 영향을 미친다. 우리의 방어 반응

불완전한 인간

을 바꿔 감시 체계를 피하지만 다른 미생물에 영향을 미친다. 예를 들어 기생충에는 우리 면역 체계에 영향을 주면 위궤양을 일으키는 박테리아인 '헬리코박터 파일로리균Helycobacter pilori' 발생을 억제하는 부수 효과가 있다. 따라서 기생충 감염 치료의 성공으로 헬리코박터 파일로리가 우리 위장을 지배하는 데 유리해져 이 균의 출현 빈도수가 증가하고 있다. 의도한 건 아니지만, 우리는 침입자들의 자체 방어 체계를 활용해왔고, 공통의 적이 생일 때는 단순히 이익 때문에 서로 견디는 위험한 우정을 발전시키기도 한다. 크론병이나 궤양성 대장염과 같은 자가 면역 염증성 질환 치료에 기생충이나 그것의 분비물을 저용량으로 접종해보자는 제안도 있었다. 이와 비슷한 치료법은 다발성 경화증과 같은 다른 질환 발현에 영향을 줄 수 있는데, 오늘날에는 이 가능성을 알아보는 여러 연구 프로젝트가 있다. 여기에는 부수적인 보호 작용을 재현하는 면역 조절제를 종합적으로 다루는 것이 포함된다.

면역 체계는 낯선 것들로부터 우리를 보호하는 동시에, 몸 안에 있는 다른 생물체를 받아들이고 심지어 기르는 법을 배우며 진화해왔다. 이런 몸 안의 생명은 계절과 시간, 관계, 습관, 관습에 따라 변한다. 우리는 각자 자신만의 변화하는 정원을 가지고 있는데, 이것은 자신만의 역사에 민감하게 반응한다. 그것은 말하자면 개성적이고 활기찬 미생물 고유의 필체인 셈이다. 우리 모두와 모든 종 안에 있는 미생물과 거대 유기체 사이의 복잡한 관계는 단순한 흑백의 관계가 아니다. 따라서 자연 선택은 상황에 따라 어떤 나사는 조이고 어떤 나사는 푼다. 그 유일한 목적은 생명이 길을 찾는 것이다. 따라서 원세슬라오 페르난데스 플로레스는 "숲은 단숨에 맑은 영혼을 되찾았다. 숲은 이 땅에서 볼 수 있고, 할 수 있고, 생각할 수 있는 모든 지식 중에 가장 경이롭고, 가장 깊으며, 가장 중요한 것이 바로 생명임을 깨달았다"라고 썼다.

아스팔트로 덮인 낙원

미리 말하지만 나는 '구석기 우울감'을 느끼지 않는다. 그것을 과거로 되돌아가고 진보의 악마화를 옹호하는 '신앙'으로 이해한다면 말이다. 진보는 우리를 더 길고 안락한 삶으로 이끌었고, 무엇보다도 영유아와 산모 사망률을 크게 줄였다. 하지만 물론 지금의 자연 세계에서 느끼는 삶의 고통에는 나도 동의한다. 우리는 느리지만 지속적인 자연의 소멸과 함께 우리 역사의 소멸도 목격하고 있다. 2007년 인류 역사상 처음으로 도시 인구수가 농촌 인구수를 넘어섰고, 21세기 중반에는 그 숫자가 3분의 2가 될 것으로 예측된다. 사진첩을 열거나 고향 집, 어린 시절 살았던 마을로 가면 자기 자신을 발견하게 되는 것처럼 자연도 마찬가지다.

자연의 상실과 함께 우리는 우리가 누구이며 어디에서 왔는지, 말 그대로 우리 종의 조상에 관한 기억 일부가 사라지고 있다. 결국 우리 뒤에 있는 기준점인 북극성을 잃어버리게 될 것이다.

영국 소설가 존 파울즈John Fowles가 쓴 몇 안 되는 에세이 중 하나인 『나무The Tree』에는 인간이 자연과 관계를 맺는 방식에 대한 사색이 담겨 있다. 그에 따르면 우리 종은 "무슨 이득이든 얻고, 우리 주변을 이용하며, 개인적인 이익을 얻으려는" 욕구를 채우며 진화했다. 과연 이 말이 사실일까? 아마도 그의 한탄처럼 인간은 생존을 위해 세상을 철저히 이용하고, "인간 문명의 상징적인 성벽으로 둘러싸인 정원인 '호르투스 콘클루수스(hortus conclusus, 닫힌 정원)' 안에서 무릎을 꿇은, 길든 자연"을 만든다. 그렇게 우리는 생존해온 습관을 버리지 못하고 있을지도 모른다.

스페인의 소설가인 미겔 델리베스Miguel Delibes는 『사라져 가는 세상Un mundo que agoniza』에서 '인간의 탐욕'에 대한 울림 있는 분석을 했다. 이 책에서는 참을 수 있는 생태적 한계를 넘어서는 약탈과 낭비의 관계를 다룬다. 그러나 과연 기술과 자연을 경쟁 관계로 보아야 할까? 인간의 탐욕이 두렵긴 하지만 '프랑켄슈타인 콤플렉스'도 두렵다. 이것은 아이작 아시모프Isaac Asimov의 표현으로, 프랑켄슈타인에게 일어난 것처럼 인간이 창조한 모든 것이 인간에게 등을 돌릴 거라는 깊은 두려움을 뜻한다. 미겔 델리베스는 기술이나 기계 자체를 거부한 것이 아니라, 그것이 인간들의 마음 사이에서, 그리고 인간과 자연 사이에서 걸림돌이 되는 것을 거부했다. 그는 "기계의 발달이 인간의 배는 데워주었지만 마음은 차갑게 만들었다"라고 썼다.

이 책을 통해 우리는 건강과 질병이, 생물학과 우리가 살아가는 환경 — 우리가 적응한 환경과 다른 — 사이의 불일치 결과임을 살펴보았다. 인간을 포함한 모든 생명체는 저마다 하나의 생태계다. 그리고 각각의 숲은 시골이든 도시든 자신이 처한 환경과 생물학적, 화학적, 정서적 대화를 나눈다. 산 살바도르 데 세세브레의 숲처럼 서로 소통하는 나무들 사이에는 항상 메아리와 소문이 퍼진다. 존 파울는 "기하학적이고 선형적인 도시는 기하학적이고 선형적인 사람들을 만들고, 숲에서 영감을 얻은 도시는 인간을 만든다"라고 썼다. 어쩌면 우리는 결국 아스팔트로 덮인 낙원에서 걷는 법을 배우는, 살아 있는 숲일지도 모른다.

불완전한 인간

10

투쟁의 기록, 살아 있음의 기록

폭력에 대하여

윌리엄 골딩William Golding의 유명한 소설 『파리대왕Lord of the Flies』은 우연히 무인도에 갇히게 된 소년 30명의 생존 이야기를 보여준다. 어른의 감독 없이 아이들끼리 생존을 위해 처음부터 모든 것을 조직해 나가야 하는 상황에서 인간 본성의 거친 면이 드러난다. 폭력과 잔인함, 광신적 행위 등 소름 끼치는 사건들이 발생하면서 극적인 결과가 펼쳐진다. 이 책에 관해서는 몇 가지 해석이 가능하지만, 보통은 인간의 타고난 폭력성에 대한 도덕적 우화로 본다. 사회가 부과한 행동 규범에서 벗어난 상황에 처하자 아이들은 고요하다 못해 낙관적인 모습을 보이다가도("우리는 섬이다. 멋진 섬이다. 우리는 어른들이 올 때까지 아주 즐겁게 보낼 수 있다"), 악과 사디즘이 지배하는 혼돈된 모습("나는 두렵다. 우리 스스로가")을 드러낸다.

이해는 안 가지만 이 소설이 영국 학교와 기관에서 널리 권장 도서로 선정되었다는 점은 흥미롭다. 하지만 솔직히 고백하자면 나는 이 책을 스무 살쯤에 처음 읽었는데 지금까지도 불편하다. "우리는 어른들이 했을 일을 모두 했다. 그런데 어디서부터 잘못된 걸까?" 나는 사회와 교육 시스템에 대한 이보다 더 끔찍한 비난은 떠오르지 않는다. 작가의 의견에 동의하든 안 하든, 전쟁 후에 쓰인 이 소설은 인류가 스스로에게 던지는 근본적인 질문에 대해 많은 논쟁을 불러일으켰다. 인간은 원래 폭력적인 걸까? 공격성은 인간의 기본적 본능인가? 우리가 파괴적 충동을 품는 게 무슨 도움이 될까? 이것이 우리 종의 주요한 결함은 아닐까? 이 물음들에 대해 살펴보자.

멋진 신세계

선천적 폭력성이라는 주제는 우리의 충동성에 의문을 품게 한다. 인간이 자기 운명을 스스로 결정할 수 있다는 생각과 관련해 많은 문화와 철학적 이론이 생겨났다. 그렇다면 우리는 이미 결말을 아는 영화 속 주인공일까? 우리 자신의 노예인 걸까? 이런 의문 속에서 '결정론Determinism'은 삶이 환경적, 경제적, 생물학적 환경에 지배되거나 결정되기 때문에 자유란 존재하지 않는다고 가정하는 철학이다. 환경이 처음부터 개인이나 사회의 운명을 결정한다는 것이다. 특히 유전 생물학적 측면에서 결정론은 우리 행동과 존재 방식, 능력 및 가능성까지 유전자 속에 기록되어 있기 때문에 태어날 때 이미 선고받은 내용에서 벗어날 자유가 거의 없다고 주장한다.

아리스토텔레스에 따르면, 태어날 때부터 우리는 통치자와 피치자로 분명히 구별된다. 이 그리스 철학자는, 교육이나 환경이 이미 주어진 것을 바꾸려고 하지만 거의 또는 전혀 영향을 미치지 못한다고 말한다. 이런 유형의 유전적 폭정은, 1883년 영국의 박물학자 프랜시스 골턴Francis Galton이 만든 용어인 '우생학優生學'처럼 논란을 일으킨 움직임의 기초가 되었다. 우생학에 관한 골턴의 관심은 그의 사촌 찰스 다윈이 쓴『종의 기원』이 출판된 직후에 나타났다. 골턴은 재능과 기술, 지능을 비롯한 기타 미덕이 '가계家系'에 달려 있다고 확신하면서, 열등하고 경쟁력이 낮은 개체보다 우수한 개체를 재생산함으로써 인간 종족을 개선 ─ 인간이 선택을 통해 우수한 품종의 말과 개를 얻는 것처럼 ─ 할 가능성에 관해 연구했다. 그는 영향력 있는 다른 지식인 집단의 도움을 받아 우생학을 국가 정책으로 추진했고, 이는 특정 민족 집단이나 사회 집단의 생식권을 제한하고 이민이나 혼혈 통제 운동으로 이어졌다. 이후 골턴의 이런 생각은 '최악의 유전자'를 가진 개인의 비자발적 불임은 물론, 한때 유아 살해와 같은 조치에 대한 정당화의 근거로 사용되었다. 우생학 개념은 매우 성공적이어서 1920년 경 북미 지역의 거의 절반 지역에서 불임법을 채택했다. 그는 이 운동을 통해 유전적으로 '열등한' 사람들에게 부모가 될 능력을 제한해서 인류를 개선하고자 했다.

흥미롭게도 영국 우생학 단체British Eugenics Society 회장은 생물학자이자 진화론자이며 작가이자 인본주의자인 줄리언 헉슬리Julian Huxley다. 그는 다윈의 불독Darwin's bulldog이라는 별명으로 알려진 다윈 이론의 강한 옹호자인 토마스 헉슬리Thomas Huxley의 손자였다. 1957년, 인류의 자체 진화를 지향하며 자신을 초월하는 가능성을 뜻하는 '트랜스휴머니즘Transhumanism'이란 용어를 만든 사람이 바로 줄리언 헉슬리였다. 이 용어는 오늘날 기술을 이용해 종을 개선하려는 지적 및 문화적 운동을 지칭한다. 우생학은 특히 장애인과 정신 질환자 또는 성적 지향으로 차별받은 사람들에 대한 집단 학살과 대규모 인권 침해에 대한 (유사)과학적 정당화 역할을 했다는 이유로 가혹한 비판을 받았다. 또한 우생학을 바탕으로 쓴 매우 유명한 디스토피아 작품인 『멋진 신세계Brave New World』를 쓴 작가가 줄리언 헉슬리의 동생인 올더스 헉슬리Aldous Huxley라는 사실도 흥미롭다. 이 책에서 작가는 인구가 유전적으로 선택되는 사회 —— 인간 경작이 존재함 —— 를 보여준다. 개인은 유전적 하중Genetic load*에 따라 계급으로 나뉘며, 각 계급에는 계층 내의 위치와 수행할 작업 유형이 할당된다. 이 계급은 최고 지휘 능력과 특권을 가진 상위 계층인 알파부터 가장 위험하고 단조로운 작업을 맡은 가장 낮은 계급인 엡실론까지 다양하다. 이곳에서는 질병과 빈곤이 사라지고, 모두가 사회에서 자기 위치를 알지만, 동시에 생각의 자유, 가족, 문화적 다양성, 문학, 사랑도 사라진다. 이것은 '멋진 신세계'를 위해 치러야 할 대가다.

그런데 과연 종을 개선하려는 것이 불법일까? 여러분도 유전적 결함을 예방하고 미리 제거하기 위해 유전적 선택을 하는 문제를 두고 사회적 논쟁이 시작되고 있음을 알 것이다. 나치 운동이 추구했던 '인종적 순수성' 때문이 아니라, 유전병 제거를 위해 유전적 선택을 고려하는 것이 불법이라는 사실에는 의문이 들 수도 있다. 이런 가능성은 예를 들어 유전적 결함이 무엇인지, 인간의 다양성을 어느 정도까지 허용해야 하는지에 관한 사회적, 정치적 및 과학적 논쟁을 일으킨다. 이것을 제대로 평가하려면 향후 몇 년간 많은 상식을 쌓고 성숙하게 접근해야 한다. 그리고 여기에서도 이 책에서 여러 번 말한 다면발현성을 말하고 싶다. 즉 특정 유전자는 질병을 일으킬 수도 있지만 다른 중요한 시스템이나 순간에 긍정적인 영향을 줄 수도 있다.

다면발현성의 예를 좀 더 살펴보자면, 지중해빈혈

---

* 유전자형 수준에서 작용하는 자연 선택의 강도. 선조의 각 세대에서 생긴 변이가 누적되어 자손에게 전해지는 총계를 말한다.

Thalassemia이나 겸상적혈구성빈혈Sickle cell anemia을 생각해 볼 수 있다. 이것은 몸의 헤모글로빈이 정상 수치보다 낮아서 신체 조직의 산소 공급이 제한되는 유전성 혈액 질환이다. 왜 자연 선택이 지중해빈혈의 발생을 허용하고, 게다가 이를 유발하는 결함 유전자의 발현을 선호한 걸까? 그 답은 이형접합 형태(두 염색체 중 하나만 돌연변이가 있는 경우)의 지중해빈혈이 말라리아를 막아준다는 사실에 있다. 이렇게 풍토병이 강한 지역에서 말라리아에 대한 잠재적 보호의 유익은, 빈혈이 너무 심하지만 않다면 빈혈로 인한 불편함을 상쇄한다. 만일 지중해빈혈에 걸리게 하는 유전자를 바꾸면 오히려 말라리아에 취약해져 심각한 결과를 초래할 수 있기 때문이다. 결론적으로 이런 상황에서는 다른 여러 경우처럼 득보다 실이 더 많을 수 있다.

대부분 질병의 요인은 다양하고, 그것의 발현은 유전학 및 개인이 발전시키는 상황과 환경에 따라 다르다. 우리는 갈수록 많은 사실을 알게 되지만, 아직 유전적 요인과 병태생리학*을 충분히 알지 못하는 질병도 많다. 라틴어 구절(의사들이 히포크라테스 선서를 자신들의 것이라고 고수하는)에서 알 수 있듯, "프리뭄 논 노체레(Primum non nocere: 가장 해로운 것을 피하라)." 좀 더 쉬운 말로 하자면 이것이다. '질

---

* 몸의 생화학적, 신체적인 연구를 포함해 질병과 증상을 유발하는 생리학적 과정을 연구하는 학문

병보다 치료법이 더 해가 될 수도 있다.'

결정론과 폭력성으로 다시 돌아가서, 우리 본성의 기본 명령이 무엇인지 궁금할 것이다. 만일 우리가 사회적 규범이나 권위의 코르셋을 벗는다면, 또는 『파리대왕』의 아이들처럼 무인도에 자유롭게 남는다면, 과연 우리는 서로를 죽이게 될까? 영국 철학자 토머스 홉스Thomas Hobbes가 『리바이어던Leviathan』에서 옹호한 것처럼, "인간은 정말 다른 인간에게 늑대가 될까?" 물론 반대 의견을 주장하는 사람들도 있다. 이들은 억압적인 교육을 옹호한다. 하지만 이런 교육은 기회만 생기면 폭발하는 압력솥으로 변한다. 과연 이런 논쟁에서 진화 생물학은 무슨 도움이 될까?

도움이 되기도 하고, 되지 않기도 한다. 진화 생물학으로 볼 때 인간이 속한 영장목 안에는 폭력성이 뿌리깊이 자리잡고 있다. 인간의 사망 원인 중 최대 2퍼센트가 대인 폭력, 즉 타인에게 당한 여러 방식의 죽음이다. 영아 살해, 식인 풍습, 집단 간 공격, 전쟁, 살인, 처형, 그외 의도적 살해 등이 있다. 그러나 이 폭력성은 우리가 어떤 종류의 동물에 속하는지를 생각해보면 그렇게 심한 것이 아니다. 알메리아의 건조 지역 실험장의 호세 마리아 고메스José María Gómez 연구원이 진행한 거시적 분석에 따르면, 인간의 '동종 간' 치명적인 공격성 비율은 사회성이 있는 포유류, 특히 영장류의 공격성 정도와 매우 비슷하다. 그렇다, 애초에 우리 종은 폭력적이다. 하지만 그것은 우리가 가진 두 가지 기본 특징, 즉 사회적이고 영토적인 동물이기 때문이지 다른 이유가 없다. 이 두 가지 특징은 포유류 사이에서 폭력성을 일으키는 주요 요인이다. 이 자료에 따르면, 동종 간 갈등이 가장 많이 일어나는 종은 집단 생활하는 사회적 종과 영토를 정해서 살아가는 영토적 종이다. 여기에서 '영토'는 국가와 자치 공동체, 야영지, 사무실, 집, 방, 선호하는 의자나 침대 등을 포함한다. 공존에는 갈등이 따를 수밖에 없다. 최소 두 사람이 모이면 다툼이 일어난다. 그리고 우리 영장류는 사회적, 계층적, 영토적 특징을 모두 갖고 있다.

인간의 폭력성이 고대로부터 이어져 내려온 건 분명하다. 하지만 앞에서 말한 것처럼 진화 생물학은 도움이 될 수도 있고, 안 될 수도 있다. 도움이 안 되는 이유는 호모 사피엔스의 폭력 수준이 인구와 역사적 순간에 따라 변했기 때문이다. 즉 폭력성은 각 집단의 사회적, 정치적 조직을 통해 조절될 수 있다. 우리 종 내에서 공격성으로 인한 사망을 분석한 결과, 대부분 고대 유인원의 폭력 수준과 매우 유사했다. 하지만 약 500년 전부터는 상호 공격 수준이 상당히 감소한 사실이 감지되었다. 호세 마리아 고메스와 연구팀에 따르면, 이런 감소는 이 집단의 사회정치적 조직 형태와 관련이 있을 수 있다. 특히 이것은 그 조직이 '합법적' 폭력에 대해서 규범과 제도를 통해 일종의 통제를 행사하는 정도에 따라 다르다. 어떤 경우에는 인구 밀도가 높았지만(싸움이 일어날 잠재적 가능성이 더 큼) 폭력이 더 적었다.

불완전한 인간

이것은 엄밀히 말하자면, 평화로운 공존 덕분에 더 많은 인구가 함께 모여서 살 수 있게 된 것이다. 이런 관점에서 볼 때 우리 종에게 폭력성은 자원(짝, 음식, 공간)을 놓고 경쟁하는 사회적 포유류 내의 적응 전략으로 해석될 수 있다. 그리고 이것은 문화에 의해 완화되거나 보상될 수 있다. 폭력성은 '가계'(정확히는 영장목의 '서열')에서 나왔지만, 유전된 치명적인 폭력성은 문화를 통해 조절될 수 있다. 우리는 절대 DNA의 노예가 아니다. 유전자만으로는 멋진 신세계를 만들 수 없다. 거기엔 문화와 교육이 필요하다.

서로를 길들이며 진화한다

여기까지만 보면 우리의 폭력적 충동에 대한 모든 통제권을 문화에 일임한다고 오해할 수도 있을 것 같다. 심지어 자연 선택이 이 문제는 신경쓰지 않는 것처럼 보일 수도 있다. 또한 동종 간의 치명적인 공격이 별로 큰 문제가 아니고, 인간의 번식 성공에 큰 영향을 미치지 않는 것처럼 보일 수도 있다. 물론 그럴 수도 있다. 자연 선택은 건강이나 선악에는 관심이 없고, 오로지 종의 영속에만 관심이 있기 때문이다. 하지만 놀랍게도 우리 행동에 대한 문화적 조정을 배제하고 생물학에만 주목해보아도 자연 선택이 우리를 버리지 않았음을 알게 될 것이다.

우리 종에서 공격성을 억제하는 방향으로 진화가 일어났음을 시사하는 몇 가지 실험과 분석이 있다. 이런 양성 선택은 형태학, 생리학, 행동 및 심리학에 일련의 영향을 미친다. 이는 가축 동물에서 발견할 수 있는 변화와 비슷하다. 그렇다, 인간은 자기 자신을 길들여왔다.

우리와 조상들의 해부학적 구조를 비교해보면 가축과 야생 동물의 차이점과 거의 비슷한 차이점을 발견할 수 있다. 우선 개와 늑대를 비교해보자. 개는 늑대보다 귀가 작고 주둥이가 짧으며 이빨도 작고 더 유순하고 어린 행동을 한다. 여기서 주목! 게다가 뇌 크기도 줄어들었다. 침팬지(학명: '팬 트로글로디테스Pan troglodytes')와 보노보(학명: '팬 파니스쿠스Pan paniscus')를 비교해도 같은 특징이 나타났다. 보노보는 성적 이형[같은 종의 수컷과 암컷 사이의 크기뿐만 아니라 모양의 차이]이 더 적고, 두개골 크기도 더 작고, 턱과 이빨 구조가 축소되었으며, 훨씬 친사회적이고 평화로운 행동을 하는 것으로 알려졌다. 우리 종과 다른 호미니드들의 신체적 모습을 비교해봐도 비슷한 일련의 변화가 나타나는데, 이것들은 '가축화 증후군(Domestication syndrome, 길들여짐 증후군)*'으로 볼 수 있다. 즉 더 가느다란 골격과 더 둥근 머리, 턱이나 얼굴과 치아 돌출의 감소, 성적 이형의 감소

---

* 동식물이 인류와 함께 생활하기에 적합하도록 외양과 습성이 점차 변화하는 현상

불완전한 인간

라는 특징을 보인다. 골격이 더 얇아지고 '젊음화[Juvenilization, 더 어린 시절의 형태를 유지하는 방향으로 진화함]' 또는 '여성화' 과정이 일어나는데, 이것은 길들인 동물에서 발견되는 것과 유사하다. 보통 안드로젠(일반적으로 남성 호르몬) 수치 감소와 에스트로젠(일반적으로 여성 호르몬) 수치 증가와 관련이 있다. 이 호르몬 교환은 시상하부-뇌하수체-부신 축 활동 감소의 결과다. 우리는 3장에서 신체가 위험이나 스트레스에 반응하는 방식이나 방어 및 경계 반응을 나타내는 방식을 설명할 때 이 축에 관해 언급했다. 오늘날 우리는 시상하부-뇌하수체-부신 축의 호르몬 활동 감소가 길들임(가축화)의 기본 과정임을 알고 있다. 하지만 이게 끝이 아니다.

바르셀로나 대학의 콘스탄티나 테오파노풀루Constantina Theofanopoulou와 연구팀은 유전자 분석을 통해 인간과 개, 여우처럼 가축 동물이 공유하는 양성 선택 변이를 무려 다섯 개까지 확인했다. 흥미롭게도 우리는 네안데르탈인이나 데니소바인과는 이런 변이를 공유하지 않는다. 이것들은 학습 관련 과정에 관여하는 유전자로, 뉴런의 시냅스가소성Synaptic plasticity**과 신경능Neural crest 발달에 영향을 미친다. 신경능은 척추동물의 발달 초기에 발생하는 매우 특이한 세포 구조로 신체의 많은 조직과 체계 형성에 관여한

** 시냅스는 그 활성 정도에 따라 구조와 기능이 지속적으로 변화 가능하다.

다. 콘스탄티나 테오파노풀루의 이런 발견은 가축화가 신경능 발달의 변화 때문이고, 해당 종의 성장과 발달에 변화를 일으켰다는 가설을 뒷받침한다.

　길들임의 많은 신체적, 행동적 결과는 가축화된 종의 발달 지연(유형성숙Neoteny*)으로 설명될 수 있다. 따라서 성인은 유아나 어린 개체의 전형적인 특징을 유지한다. 이는 유형보유Paedomorphism, 혹은 유형진화paedomorphosis라고도 하는데, 조상의 유기 때의 형질이, 자손에게는 성체의 형질이 되어가는 진화를 뜻한다. 많은 경우 집단 내에서는 더 어린 외모가 유리한데, 집단의 다른 구성원들로부터 더 보호받을 수 있고, 가부장적인 상황에서 좀 더 평화롭고 수월하게 지낼 수 있기 때문이다. 우리 종의 첫 대표자를 포함하는 조상들은 더 유순하고 장난기 많으며 아이 같은 모습이 지속되는 방향으로 진화했을 것이다. 우리 머리를 이스라엘의 카프제Qafzeh 동굴 유적이나 에티오피아의 헤르토 Herto에서 발견된 약 10만 년 전 사피엔스의 머리와 비교해 보면, 그들의 머리가 더 단단하고 턱이 더 돌출되어 있으며 안와상융기(호미니드의 눈썹 부위에 차양처럼 돌출된 뼈 테두리)가 더 분명하게 드러나는 것을 확인할 수 있다.

　눈치 빠른 독자라면 내가 인간과 가축의 공통점 중에

---

*　동물이 유형 상태에서 성장을 멈추고 생식기만 성숙하여 번식하는 현상

　　　　　　　　　　　　　불완전한 인간

서 아직 뇌 크기 감소를 다루지 않았다고 불평할지도 모르겠다. 혹시 뇌가 크다고 알려진 호모 사피엔스의 머리 크기가 줄었다고 말하고 싶은가? 그렇다. 특히 수천 년 전부터 홀로세[Holocene, 지질시대에서 제4기의 최후의 시대로 1만 년 전으로부터 현재까지] 기간에 우리 두개골 내 부피가 감소했다는 증거가 있다. 이것은 우리 골격의 크기와 단단함의 일반적인 감소로는 설명되지 않을 정도다. 이 말에 놀라지 않았으면 좋겠는데, 뇌가 작다고 꼭 지능이 낮은 건 아니다. 휴대 전화와 컴퓨터도 점점 더 가벼워지지만 능력은 더 강력해졌다. 아마도 뇌의 능력도 크기의 문제가 아니라 그것을 구성하는 신경 칩의 정교함, 즉 내부의 시냅스 배선의 재구성과 관련이 있을 것이다. 하지만 이 또한 신진대사 효율 때문일 수도 있다.

그래서 우리 생물학이 힘이 많이 드는 기관의 크기를 줄였는지도 모른다. 그렇게 큰 장기를 유지하는 데 더는 힘을 낭비할 필요가 없기 때문이다. 기술과 문화의 발달로 우리 두뇌는 더 쉽게 작동하게 되었을 것이다. 호모 사피엔스는 기억력과 의사 결정을 포함한 많은 뇌 기능을 외부에 맡겼다. 미국 하노버의 다트머스 대학교 인류학과의 제레미 드실바Jeremy DeSilva 교수가 한 연구에서 주장한 것처럼, 뇌 크기가 줄어도 인지 활동은 저하되지 않는다. 왜냐하면 지능은 개인이 아닌 사회적 속성이기 때문이다. 여기에서 집단지성 또는 집단지능의 개념이 나타난다. 인간은 외부 기억에 의존해서 ── 전화번호를 다 외우는 사람이 있을까? ── 다른 이들과 정보를 공유하고, 문제와 해결책을 함께 나눔으로써 신경 조직에 대한 요구를 줄인다. 아마도 기술과 사회적 지원 때문에 우리는 더 멍청해질 수도 있을 것이다.

정리해보자면 뇌 크기 감소를 포함한 가축화 증후군의 증상 대부분이 우리 종에서 발생했다. 그런데 독자들은 왜 우리에게 이익임에도 불구하고 '가축화'라는 단어를 좋아하지 않는 걸까? 솔직히 고백하건대 나도 그리 좋아하지 않는다. 우리가 이 단어를 싫어하는 이유는 이것을 "동물을 다스릴 수 있게 하거나 복종하게 하다"라는 뜻과 연관시키거나 혼동해서가 아닐까 싶다. 하지만 가축화라는 말의 어원은 '도무스domus'(주거, 집, 가정과 관련됨)를 의미하는 '도메스티쿠스domesticus'에서 유래한다. 자기가축화Self-domestication로 인해 인간은 더 평화롭고 관대하며 협력적이고 편안해졌고, 각자의 '집'을 넘어 인류 전체가 집이 되었다. 우리는 서로 잘 지내며 생존하고, 평화롭게 공존하고, 가까운 곳에서 서로를 지원하도록 진화했다.

가축화의 개념이 불러일으키는 아름다움과 혐오 사이의 긴장, 사람이나 장소에 속한다는 의미와 그것으로 인한 자유의 상실 사이의 긴장 관계는 프랑스 작가 앙투안 드 생텍쥐페리의 소설 『어린 왕자』의 한 구절에 잘 드러난다. 이야기 속에서 어린 왕자는 여우를 만나 함께 놀고 싶지만, 여우는 자신이 아직 길들여지지 않았기 때문에 놀 수 없다며 거절한다.

"'길들인다'는 게 무슨 뜻이야?"

"그건 '관계를 맺는다…'는 뜻이지."

여우가 말했다.

"관계를 맺는다고?"

"나에게 너는 수많은 다른 어린 소년들과 마찬가지로 그저 한 명의 어린 소년 중 한 사람이야. 그리고 나는 네가 필요하지 않아. 그리고 너도 내가 필요하지 않고. 난 너에게 수많은 다른 여우들과 똑같이 한 마리 여우에 지나지 않으니까. 하지만 네가 나를 길들인다면 우리는 서로가 필요해질 거야."

(…)

"인간은 이 진리를 잊었어." 여우가 말했다. "하지만 넌 그걸 잊지 말아야 해. 넌 네가 길들인 것은 영원히 책임을 져야 해."

"나도 그러고 싶어." 어린 왕자가 대답했다. "하지만 시간이 많지 않아. 난 친구들을 사귀고 많은 것을 배워야 하거든."

"사람들은 자기가 길들인 것만 알 수 있어." 여우가 말했다. "사람들은 더는 그 무엇도 알 시간이 없어. (…) 만일 친구를 원한다면, 나를 길들여!"

자기가축화는 경쟁보다 친사회성을, 개인주의보다 관계 형성 — 어린 왕자의 여우가 말한 것처럼 — 을 촉진했을 것이다. 심지어 협력적 의사소통 시험에서 개나 여우처럼 길들여진 동물(가축 동물)의 의사소통 능력이 비인간 영장류의 능력을 능가했다. 앞서 언급한 신경능의 변화는 학습과 관련된 뇌 영역에 영향을 주었다. 인간의 경우에는 이런 변화가 일상어 발달과 관련된 뇌 영역에 영향을 미쳤을 것이다. "사람은 말을 하면서 서로를 이해하게 된다"라는 말처럼, 가축화는 또 다른 유형의 의사소통이나 갈등 관리 방식의 바탕이 될 수 있다.

깨진 도자기가 간직한 것

지금까지 인간을 비롯한 다른 영장류의 폭력성에 관해 이야기했다. 하지만 우리 조상들 사이에 존재했을 수 있는 폭력의 정도에 대해 우리가 무엇을, 어떻게 아는지는 아직 깊이 살펴보지 못했다. 우리는 오랫동안 네안데르탈인이 우리보다 더 폭력적이었다고 믿었다. 네안데르탈인의 외상 발생률이 높았기 때문이다. 최대 80~90퍼센트가 심한 타격으로 상처를 입었는데, 그중 30퍼센트 이상이 머리 충격이었다. 하지만 네안데르탈인의 외상 수는 구석기 시대의 호모 사피엔스의 외상 수와 크게 다르지 않다. 우리와 네안데르탈인을 비교할 때, 오늘날의 호모 사피엔스와 그들을 비교하는 함정에는 빠지지 말아야 한다. 10만 년 전의 호모 사피엔스는 21세기의 호모 사피엔스와 같은 일을 하지 않았기 때문이다. 두 종의 힘은 같은 조건과 자원 및 시간으로 측정하는 것이 공평하다.

이런 외상의 가장 대표적인 사례 중 하나는 프랑스의 라샤펠오생La Chapelle aux-Saints 유적지에서 발견된 네안데르탈인의 골격이다. 거기에는 심각한 골관절염을 앓은 흔적이 있었다. 상태만 보면 심각한 골격 변형이 통증과 보행 장애를 유발했을 것으로 추측된다. 이러한 골격의 자세 변형을 바탕으로 네안데르탈인의 첫 번째 재구성이 이루어졌는데, 간신히 일어설 수 있는 기형적인 모습을 하고 있었다. 하지만 이런 모습은 그 종을 대표하는 모습이 아닌, 노인이 겪은 질병의 결과였다. 이 변형 외에도 라샤펠오생의 네안데르탈인은 머리 부상이 여러 군데였는데, 거기에는 아문 흔적이 있었다. 이는 그가 부상에서 살아남았음을 의미한다. 근동에서 발견된 네안데르탈인, 샤니다르 1shanidar 1의 경우도 왼쪽 안와 상부의 함몰과 골절로 실명했을 것으로 추정된다. 머리 부상은 아타푸에르카의 시마 데 로스 우에소스Sima de los Huesos 유적지에서 매우 흔하게 나타나는데, 현재까지 회수된 최대 17개의 프레네안데르탈인Pre-Neanderthal의 두개골 중 절반 이상이 충격을 입은 상태였다. 혹은 돌에 맞았지만 생존한 흔적도 있다.

특히 이 집단에서 가장 오래된 개체 중 하나인 우리의 사랑스러운 미겔론Miguelón(Skull 5)은 머리에 이런 타격을 최대 13번을 당했고, 그중 하나는 왼쪽 눈썹 쪽에서 매우 뚜렷하게 나타난다. 그의 가장 유명한 외상은 얼굴 왼쪽에 생긴 것으로 치아가 부러진 모습이었다. 이 치아 골절로 신경과 혈관이 있는 조직이 들어 있는 치수강Pulp cavity이 노출되었고, 그 결과 세균이 침투했다. 이 부분 감염으로 시작된 것이 뺨 전체로 퍼져 화농성 염증이 생겼고, 얼굴 전체 뼈와 비강 내부가 변형되고 염증이 생겼다. 관련 통증 외에도 이 부상은 '죽음의 삼각형The triangle of death'으로 알려진, 혈관이 많은 부위에 영향을 미치기 때문에 매우 위험하다. 죽음의 삼각형이란 두 입술의 양 끝과 미간을 연결하는 가상의 삼각형을 뜻하며, 순환되는 혈관들은 뇌의 혈관계와 소통하기 때문에 이곳의 감염은 잠재적으로 매우 위험하다.

이 개체의 병리를 분석한 논문의 지도자이자 나의 동료인 아나 그라시아 테예스Ana Gracia-Téllez가 논평했듯, 이 국소 감염이 통상적인 패혈증을 일으켜 미겔론이 사망했을 가능성이 매우 크다. 감염을 예방하는 축복의 항생제가 없었던 시기에 미겔론에게 나타난 만성적인 증상은 치명적인 상황으로 이어지기 쉬웠다. 그러나 짐작하겠지만 화석 기록만으로 사망 원인을 알아내기에는 본질적인 어려움이 있다.

우선 외상성 부상은 눈에 보이지만 가해자의 생각까지 알 수는 없기 때문이다. 따라서 그 타격이 우발적인지 의

불완전한 인간

도적인지 판단하기 어렵다. 플라이스토세에서 총알이 박힌 두개골을 발견하거나 심장을 관통하는 창을 발견할 거라는 기대는 하지 않는다. 이 시기에 대인 관계 폭력을 추론할 수 있는 극히 드문 예외 중 하나가 바로 시마 데 로스 우에소스에서 나타났다. 내 동료 노에미 살라Nohemi Sala는 스페인 국립인류진화연구센터 연구원으로, 타포노미Taphonomy ── 유기체가 죽은 후 그 화석이 발견될 때까지 유기체에 일어난 일을 설명하려는 과학 ── 전문가다. 그녀는 시마 데 로스 우에소스의 개체 중 하나의 이마에 나타난 두 개의 충격으로 인한 골절을 분석했다. 연구팀은 법의학 분석을 통해 두 천공의 모양과 크기가 유사한 것으로 보아 같은 물체로 인해 생긴 것으로 추정했다. 두 개의 상처는 매우 가깝게 있고 서로 겹쳐 있었다. 그래서 한 개체가 다른 개체를 '죽이려는' 분명한 의도로 어떤 물체로 반복적으로 내리치는 가상의 장면을 재구성할 수 있었다. 이 상처를 입은 주체는 역사상 최초로 문서화된 성경 속 아벨일 수도 있다. 하지만 이 경우를 제외하고 카인의 손길을 보여주는 부상과 그리고 그것이 얼마나 치명적이었는지는 알기 어렵다. 왜일까?

왜냐하면 즉시 사망으로 이어지는 손상은 뼈에 거의 흔적을 남기지 않기 때문이다. 흥미롭게도 화석 기록을 통해 눈에 띄는 질병들을 연구할 때, 우리가 질병을 확인할 수 있는 이유는 손상된 신체를 재생하려는 시도 때문이다. 그것은 골절된 조각을 결합해서 생긴 자국, 감염으로부터 자신을 방어하는 뼈의 염증으로 확인할 수 있다. 따라서 질병의 징후를 찾기 위해서는 우선 그 개체가 싸운 흔적을 남길 만큼 충분히 오래 생존해야 한다. 이런 미묘하고 섬세한 역설 때문에 병리 분석은 여전히 나를 감동하게 한다. 그 상처 — 결국 생존의 흔적 — 를 통해 우리는 힘의 이야기, 병에서 살아남은 개인의 이야기, 심지어는 그들을 돌봐준 집단의 이야기 그리고 약했지만 살아남은 개인들의 이야기를 읽는다. 나는 늘 화석을 통한 질병 연구는 상처나 약점에 관한 이야기가 아니라 그 반대라고 말한다. 골격에서 발견한 질병 상태가 심각할수록 그 어려움과 맞서야 했던 도전도 커지고, 그것을 극복한 흔적도 몸에 고스란히 남기 때문이다.

아타푸에르카의 시마 데 로스 우에소스의 화석 중에는 심각한 두개골과 안면 기형을 가지고 태어난 벤하미나(Benjamina: 매우 사랑받는 소녀)라는 소녀의 독특한 사례가 있다. 부모가 임신 중에 외상을 입는 바람에 그 태아는 머리 봉합 중 하나가 조기에 폐쇄되어 두개골이 불규칙하게 성장했다. 벤하미나는 다른 이들과 다른 모습을 한 소녀였다. 프레네안데르탈인보다 훨씬 더 수직인 이마와 눈에 띄는 비대칭 얼굴을 가졌을 뿐만 아니라 살아가는 방식도 달랐다. 뇌 구조의 외피 역할을 하는 두개골의 변형으로 뇌가 제대로 자라지 못했다. 그 결과 벤하미나는 상당한 지적 장애를 겪었을 것이다. 이런 어려운 상황에도 불구하고 이 소녀는

9살까지 살았는데, 이는 그녀가 속한 집단이 그녀를 받아주고 돌보았음을 의미한다. 50만 년 전에 이미 다양성을 존중하고 관대함을 보여준 인간 집단이 존재했는데, 이것은 나와 조금만 다르면 무조건 배척하는 오늘날 사회에 큰 교훈이 된다.

인류의 역사는 『파리대왕』의 역사일 뿐만 아니라 소녀 벤하미나와 라샤펠오생 노인의 역사이기도 하다. 고생물병리학이라는 과학은 깨진 도자기를 금, 은 또는 백금 가루를 입혀 수리하는 수백 년 된 일본 기술 '킨츠기'와 비슷하다. '킨츠기'에서 중요한 것은 균열이나 깨진 선을 숨기는 것이 아니라, 그것들을 새로운 삶의 일부로 받아들이는 것이다. 금속성 레진을 통해 역사와 정체성의 일부인 상처의 지도가 그려진다. '킨츠기'는 깨진 조각을 금으로 연결해 물체에 안정감을 주는데, '불완전함'에서 또 다른 아름다운 가치가 생긴다. 이것이 바로 화석 복원의 철학이다. 새로운 화석이 실험실에 도착하면 복원가는 그 조각을 이상적인 방식으로 재구성하려고도, 변형이나 균열을 숨기려고도 하지 않는다. 오히려 정반대로 그것을 보존하려고 한다. 그 흔적들은 살아 있었음의 증거이고, 우리 투쟁의 기록이기 때문이다. 동종 간의 돌봄 속에서 '가장 강한 사람' 또는 '가장 약한 사람'은 완전히 새로운 의미를 갖게 된다. 신체적 연약함은 집단의 힘 속에서 줄어든다.

과연 상처를 입지 않는 사람이 있을까? 이 세상에는 몸이 불편하고 상처와 멍, 흉터가 가득한 사람들이 모여 산다.
그리고 우리는 그 안에서 인간의 연대와 회복력이라는 깨
진 선들을 읽어낸다.

11

나를 기억해줘

죽음의 의식에 대하여

친애하는 독자 여러분, 우리는 사이프러스 나무의 긴 그림자 아래에서 자신에게 질문을 던지며 이 책을 시작했다. 그리고 아주 잘 적응했다고 생각하는 인간 종의 많은 질병과 결함, 약점을 살펴보았다. 이런 많은 질병 속에는 직간접적으로 잠재적인 이점이 있었고, 이것들이 호모 사피엔스의 성공에 큰 도움을 주었다는 사실도 확인했다. 하지만 아직 이 책의 서두에서 던졌던 질문에 대한 답은 나오지 않았다. 우리는 질병과 함께 살고, 그것을 다루고, 피하거나 싸우며, 길들이는 법을 배우지만, 가장 건강할 때조차도 우리의 치명적인 운명을 알기 때문에 생기는 슬픔은 지울 수가 없다. 물론 아플 때 불길한 예감이 드는 건 당연하다. 하지만 언제 어디서나 불길한 예감에 사로잡히는 건 너무 과한 반응이 아닐까?

이제 이 책의 처음으로 돌아가 보자. 우리가 죽는다는

걸 알고 살아가는 건 과연 무슨 의미일까? 가능한 한 늦게 닥치길 바라지만 결국은 확실한 결말을 예상하는 일은 무슨 도움이 될까? 우리 힘으로 어쩔 수 없는 일에 대해 왜 그렇게 걱정할까? 아니면 혹시 우리가 할 수 있는 게 있는 걸까?

가장 오래된 작별 인사

2018년, 나는 강의를 하기 위해 독일 예나에 있는 막스플랑크인류사연구소Max Planck Institute for the Science of Human History를 방문한 적이 있다. 그곳에서 주최자인 고고학자 마이크 페트라글리아Mike Petraglia와 니콜 보이빈Nicole Boivin, 그리고 니콜과 함께 케냐의 판가 야 사이디Panga ya Saidi 유적 발굴을 책임진 케냐국립박물관의 고고학자 엠마뉘엘 엔디에마Emmanuel Ndiema를 만났다. 그리고 그보다 몇 달 전에 마이크 페트라글리아가 보낸 판가 야 사이디 유적지에서 나온 1㎡가 조금 넘는 어두운 흙덩어리 사진을 메일로 받았다. 표면에는 인간의 것으로 보이는 두 개의 치아가 있었다. 흙덩어리 반대편에는 척추로 추정되는 어두운 부분이 어렴풋이 보였다. 뼈의 강도는 부서질 정도로 매우 약한 상태로 추정되었다. 그래서 고고학자들은 흙덩어리 전체를 들어올려 실험실로 옮긴 후에 현장에 있던 것보다 더 정밀한 도구로 살펴보기로 했다.

하지만 이런저런 노력에도 불구하고 살펴보려는 시도
는 실패로 끝났다. 재와 같은 질감의 뼈는 부서지고 말았다.
흙덩어리 안에 인간의 것으로 분명하게 확인되는 것은 치
아뿐이었고, 다른 화석의 포함 여부는 확인할 수가 없었다.
이후 나는 영국 유니버시티 칼리지 런던에서 인류학과 교
수로 2년을 보낸 후, 부르고스에 있는 국립인류진화연구센
터를 맡기 위해 스페인으로 곧장 돌아왔다. 그곳에는 최초
의 보존 및 복원 연구소와 기적을 만들어내는 복원 전문가
들이 있었다. 그들과 컴퓨터 축방향 미세단층촬영 기술 ——
병원의 CT와 유사하지만 해상도가 더 높은 기술 —— 덕분
에 이전에 실패했던 흙덩어리의 가상 발굴을 시도했고, 안
에 있는 내용물을 밝혀낼 수 있었다. 케냐 정부의 허가를 받
아 흙덩어리를 국립인류진화연구센터로 옮겨와 방법론적
으로 학제 간 접근을 시도하기로 동의했다.

우리는 1년 이상 수작업과 가상 기술로 그 퇴적물에
대한 신중한 발굴 작업을 진행했다. 국립인류진화연구센
터의 복원 큐레이터인 필라르 페르난데스 콜론Pilar Fernán-
dez-Colón에게는 마법의 손이, 마드리드 콤플루텐세 대학의
연구원인 엘레나 산토스Elena Santos에게는 미세단층촬영을
통해 가상 재구성을 할 수 있는 놀라운 능력이 있었는데, 이
들은 이 모험에 꼭 필요한 동반자들이었다. 살펴본 결과, 흙
덩어리 안에는 반투명의 화석들로 가득 차 있었다. 그중 우
리가 식별할 수 있는 뼈는 '각기 제자리'에 있었다. 그렇게

주변 뼈가 연결되면서 작고 움츠린 몸의 골격이 그려졌다.

해부학적으로 볼 때 거의 모든 뼈가 제자리에 있었다. 그중 일부만 살짝 밀려나 있었는데, 몸이 부패할 때 탈구가 되면서 생긴 정상적인 결과로 보였다. 보통 탈구가 되면 관절이 풀리고 장기가 차지하는 공간이 흙으로 채워지기 때문이다. 나는 그 퍼즐을 다시 맞추면서 경험한 느낌이 아직도 생생하게 기억난다. 그 형태는 오래된 사진처럼 서서히 드러났다. 내가 독일에서 고이 모셔온, 형태가 잡히지 않았던 흙덩어리 안에는 태아 자세로 오른쪽으로 기울여져 누워 있는 3살 정도 되는 아이의 골격이 있었다. 머리를 얹어 놓은 자세가 망가지면서 두개골이 기울어지고 어깨뼈가 돌아간 모습은 천으로 단단히 싸인 시체의 모양과 같았다. 아이를 둘러싼 흙은 구멍을 판 바닥의 흙과 달랐다. 이것은 시신이 땅속에 방치된 게 아니라 아이를 위해 특별히 만들어진 장소에 묻은 후에 다른 곳에서 가져온 흙으로 덮었음을 의미한다.

7만 8,000년 전 아프리카의 한 가족은 깊게 판 구덩이에 어린아이의 축 늘어진 시신을 묻었다. 그리고 그 몸을 털이나 나뭇잎으로 만든 천연 수의로 감쌌고, 머리는 베개 형태의 뭔가로 받쳤다. 그들은 마치 아기를 침대에 재우듯 조심스럽게 그 안에 집어넣었다. 물론 가족들은 아이가 그 꿈에서 깨어날 거라고는 기대하지 않았을 것이다.

이 흔적은 아프리카에서 사람이 매장되었다는 가장 오

불완전한 인간

래된 증거다. 그리고 이 내용은 권위 있는 저널인 《네이처 Nature》에도 실렸다. 어린아이에게 세례를 줄 때 사용하는 이름인 음토토Mtoto — 스와힐리어로 '남자아이'를 뜻한다 — 라는 이름을 붙였고, 음토토는 그렇게 과학 잡지의 표지로 선정되었다.

그동안 우리 종의 약점에 대해 너무 많이 말하고, 또 들었다. 우리는 우리 종이 이기적이고 폭력적이며 독점적이고 파괴적이라고 무례하게 비난했다. 또한 약삭빠르고, 세상을 착취하며, 세상과 불균형적이고, 지배적인 관계를 만들며, 남용하고, 물질주의적이고, 실리적이라 이해관계를 따진다고 비난했다. 이런 게 인간의 모습이라면, 과연 어린 음토토의 모습은 어떻게 이해해야 할까? 도대체 인간의 '쓸모없는' 행동은 어디에서 나오는 걸까? 그렇게 무례하기 짝이 없는 우리 종이 앞으로 더는 보지 못할 사람에게 작별 인사를 하기 위해 그렇게 큰 노력을 기울이는 것은 어떻게 설명할 수 있을까? 죽은 사람을 살아 있는 사람에게 하듯 조심스럽게 대하는 일이 과연 우리에게 무슨 도움이 될까? 호모 사피엔스의 긴 역사 속에서는 '전혀 쓸모없는' 행동이 오히려 빛을 발한다. 왜냐하면 이것이 우리의 모습을 가장 잘 보여주고, 다른 동물 — 심지어 다른 멸종된 인류 종들 — 과 구별되는 특징이기 때문이다. 바로 죽음에 대해 자문하는 것이다.

인간은 죽은 자를 방치하지 않는다

호미니드들은 백만 년 훨씬 이전부터 죽음과 긴밀한 관계를 맺고 있었다. 하지만 그 방식은 시간이 지나며 변해왔다.

우리는 동족의 사체를 치우거나 쌓아두거나 숨기는 동물들의 사례를 알고 있다. 대부분 사체와의 상호작용보다는 죽은 대상이나 죽은 장소에 대한 회피 행동이 더 많이 보인다. 많은 경우 그것은 죽음 자체에 대한 반응이라기보다는 위험 — 동물이 죽은 장소, 썩은 냄새가 포식자를 유인하는 힘 또는 부패로 인한 감염의 위험 — 에 대한 반응으로 보인다. 유용성과 목적은 구분이 가능하다. 그런 행동은 화학적인 문제로 볼 수 있는데, 시체의 '네크로몬'(죽음의 냄새)은 거부감을 일으키고 경보를 발령한다. 우리 집에는 개미가 사는데, 개미들이 사체를 재빨리 제거하는 걸 보면 정말 신기하다. 그들은 사체를 지하 터널 밖으로 버린다. 입구에서 떨어진 곳에 버리거나, 쓰레기를 밖에 버리듯 살짝 덮어버리기도 한다. 이런 행동은 흥미롭다. 하지만 그들의 움직임은 자동적이고 차가우며 일말의 감정도 느껴지지 않는다.

사체에 대해 관심이나 호기심을 보이는 다른 행동들도 있다. 아마도 평소와 달리 움직이지 않는 몸이 놀랍거나 낯설기 때문일 것이다. 예를 들어 어떤 동물은 사체를 다른 곳으로 옮긴 후 흔들거나 입김을 불고, 긁고, 상처를 만지는 등 살아 있다는 증거를 찾기 위해 몸을 살핀다. 어쨌든 그들

불완전한 인간

이 죽음에 반응을 보이는 건 사실이다. 하지만 그것이 실제로 무슨 일이 일어났는지 이해해서인지, 아니면 단지 이상하거나 놀라워서 그러는 것인지는 분명하지 않다. 물론 일어난 일을 알아채고 슬퍼하는 동물이 우리뿐이라는 뜻은 아니다. 다른 동물들 —— 특히 영장류들 사이에서 두드러짐 —— 이 사랑하는 존재의 죽음을 슬퍼하고, 심지어 좌절과 공격성, 분노를 표출한다는 증거는 갈수록 늘고 있다. 이런 행동들은 비자연적인 죽음 —— 영유아나 젊은이의 경우처럼 외상으로 인해, 예기치 않게 또는 조기에 사망하는 사례 —— 일 때 더 심하다.

이제 화학에서 감정으로 넘어가 보자. 영장류들과 호미니드의 '죽음 앞에서의 행동'은 아마도 이런 감정에 뿌리를 두고 있을 것이다. 말한 것처럼 우리 집에는 개미집이 있다. 개미는 진사회성 곤충으로 아주 정교하고 체계적으로 행동하지만, 그들이 보여주는 모습은 어미 침팬지의 모습과는 매우 다르다. 어미 침팬지는 꼼짝도 하지 않는 새끼 앞에서 혼란스러워하고 낙심하며 당황하고 죽은 몸을 원래 있던 곳에서 다른 곳으로 끌고 간다. 아마도 이것은 호모 사피엔스와 네안데르탈인의 초기 매장지에 어린이가 그토록 많았던 이유 중 하나일 것이다. 어린이들이 그 집단에서 중요한 존재였음을 나타낼 뿐만 아니라, 더 특별하고 세심한 대우를 받았음을 보여준다. 영장류의 경우는 죽음을 전후로 분명하고 직접적인 정서적 혼란이 나타났다.

고대 죽음학의 아버지라 할 수 있는 영국 더럼 대학교의 폴 페티트Paul Pettitt 교수의 설명처럼, 죽음 앞에서 보이는 행동은 실용적인 목적보다는 죽은 사람 자체가 불러일으키는 감정적 자극에서 비롯된다. 고인에게 자기 곁에 영원히 머물라고 고집을 부리거나 나뭇잎과 가지를 모으거나 제거하는 등 주변 모습을 일부러 바꾼다. 또 시신이 발견된 장소를 찾아가서 그것을 특정 장소로 옮긴다. 하지만 그 장소가 늘 가장 가깝거나 접근하기 쉬운 곳은 아니다. 이런 행동에 대한 최초의 증거는 시마 데 로스 우에소스에서 정확하게 발견된다. 30년 이상 발굴 작업이 진행된 이 좁은 구멍에서 약 30명의 남성, 여성, 어린이, 청소년, 노인의 유골이 발견되었다. 화석생성론적 증거 — 시체가 조각나긴 했지만 구덩이에 온전하게 도착했다는 증거를 말한다. 만일 맹수의 먹잇감이 되어 동굴 안에 쌓여 있다면 물어뜯김과 갉힌 자국 등의 흔적이 있어야 하는데 없다 — 는 다른 인간에 의한 의도적 매장을 뜻한다. 지질학적으로 짧은 기간에, 여러 세대 동안, 산간 지역 주민들이 시체를 그곳에 던지는 모습을 상상할 수 있다. 그리고 뼈들 사이에서 돌로 만들어진 도구가 딱 하나 발견되었는데 솜씨가 놀라웠다. 엑스칼리버처럼 빨간색과 초록색의 규암으로 만들어진 것이었다. 유사한 시간대, 산간 지역의 다른 장소에서도 발견된 이 특이한 도구는 인간 중 한 명에게 헌정물로 바쳐졌을 가능성을 시사한다.

불완전한 인간

이것은 우리 종의 가장 극적인 사건 중 하나인 돌이킬 수 없는 상실, 특히 사랑하는 사람의 죽음을 받아들이고, 시체를 어딘가에 넣고, 묻고 덮는 의식과 예식이 폭발적으로 늘어나게 된 출발점일 수 있다. 우리는 시신을 처리하는 데 필요 이상으로 많은 시간과 노력 또는 물질을 들인다. 시신을 그냥 두는 게 더 편하지 않을까? 그런데 왜 귀찮은 일을 애써 하는 걸까? 왜냐하면 앞으로 살펴보게 될 것처럼, 인간은 죽은 자를 방치하지 않기 때문이다.

인간은 죽음과 관련해 질적인 도약을 했고, 다음과 같은 다양한 행동을 한다. 시체를 보관할 공간을 따로 만들고, 특정 방식에 따라 그것을 배치하고, 덮어주며, 묻은 장소를 표시하고, 그곳으로 찾아가 꽃과 보석, 뼈 또는 모형처럼 떠난 사람이나 남은 사람에게 의미가 있는 것들을 무덤에 놓아둔다. 이런 장례 행동은 정교하고 복잡하다. 오늘날까지 확실하게는 호모 사피엔스와 네안데르탈인에게서만 확인되었다. 이는 분명한 상징성과 기념성을 지닌 세련되고 조직적인 행동이다. 앞서 말한 것처럼, 일부 동물은 죽음 앞에서 화학적 반응에서 감정적 반응으로 넘어갔다. 이번에는 감정에서 합리성과 상징주의로 넘어가 보자. 인간의 고통은 마음에서 만들어지지만 그것을 소화하는 것은 우리의 뇌다.

마음 이론

이상하게도 우리는 늘 심장은 감정적인 기관이고, 뇌는 냉정한 기관이라고 생각한다. 그러나 죽을 거라는 사실을 이해하려면 그 쓴맛을 가장 먼저 맛보는 뇌가 필요하다. 이것은 『뇌의 진화, 신의 출현: 초기 인류와 종교의 기원Evolving Brains, Emerging Gods: Early Humans and the Origins of Religion』의 핵심 주제 중 하나다. 이 책의 저자는 정신과 의사이자 스탠리 의학연구소Stanley Medical Research Institute 부소장인 에드윈 풀러 토리Edwin Fuller Torrey다. 우리가 불멸의 존재가 아니라는 사실을 깨달은 것은 지나치게 발달한 의식을 가진 뇌의 불가피한 결과다. 그에 따르면 이 모든 것은 약 200만 년 전에 시작되었는데, 그때 호모 하빌리스Homo habilis*의 뇌는 이전 호미니드들에 비해 컸고, 그 결과 우리 혈통의 지능 수준도 높아졌다. 그의 말에 따르면, 호모 하빌리스는 똑똑했지만 자신이 똑똑한 줄은 몰랐다. 이후 중요한 시기를 지나면서 호미니드는 자기의식을 발전시킨다. 이것을 측정하거나 설명하기는 어렵지만 '의식에 관한 케임브리지 선언Cambridge declaration on consciousness'에서 비인간 동물에게도 의식이 있음을 공식적으로 인정했다. 이것은 그들이 자기 존재를 인식할 수 있고, 결과적으로 주변 세계와 타자를

---

* 약 150만 년 전에 살았던 인류

식별할 수 있음을 뜻한다. 그들은 자신 밖에서 일어나는 일이 있다는 건 알지만 항상 이해하는 건 아니다. 그러나 의심의 여지가 없는 것은 의식의 수준이 다른 동물들과 다르다는 것이다. 오늘날에도 동물, 특히 영장류가 거울에 비친 자기 모습을 인식하고 그것이 반사된 모습임을 알 수 있는지에 대한 논의가 계속되고 있다.

이러한 자기 인식은 '마음 이론Theory of Mind'으로 알려진 더 높은 수준의 인지로 이어진다. 동물은 생각할 수 있을 뿐만 아니라 다른 동물도 생각하고 있다는 것을 안다. 인류학자이자 심리학자인 그레고리 베이트슨Gregory Bateson이 공식적으로 처음 제안한 '마음 이론'은 다른 사람이 자기 방식대로 행동하는 이유를 이해하고, 그들의 행동이 느낌과 감정 또는 신념에서 나오며, 꼭 우리와 같을 필요는 없다는 것을 이해하는 능력을 말한다. 인간의 경우 3~4세까지는 이런 능력이 발달하지 않는다. 마음 이론 탐구는 '허위 신념 테스트False-belief test'를 통해서도 가능한데, 다음과 같은 실험을 해볼 수 있다. 먼저 엄마가 아이 보는 앞에서 옷장에 장난감을 넣는다. 이후 엄마는 방을 나가고, 아이의 형이 그 장난감을 꺼내 다른 서랍에 넣는다. 엄마가 돌아오고 마음 이론이 아직 발달하지 않은 아이에게 엄마가 장난감을 어디에서 찾을 것 같냐고 물어보면 서랍이라고 대답할 것이다. 왜냐하면 그곳이 바로 지금 아이가 알고 있는 곳이기 때문이다. 아이는 엄마가 그것을 찾으러 옷장으로 갈 거라고는 생각하지 못한다. 하지만 엄마는 서랍에 숨기는 모습을 보지 못했기 때문에 계속 옷장에 있다고 생각하고, 아이는 그것을 모른다. 아직 마음 이론을 갖지 못한 아이는 사람들이 자신의 생각이나 현실과 다르다는 것을, 그리고 사람들이 잘못된 믿음이나 정신적 표상Mental representation*을 가질 수 있다는 것을 깨닫지 못한다. 동물의 세계에서 점점 더 복잡해지는 이 인지 단계의 출현은 뇌의 특정 부분, 특히 전두엽과 두정엽의 발달과 관련이 있다. 마음 이론에는 공감, 즉 다른 사람의 입장이 되어 아군과 적군의 감정을 파악할 수 있는 능력이 포함된다. 이것이 사회적 지능의 핵심이다. 여기에서 공감에서 연민이 나온다.

마음 이론이 나타난 진화의 시점을 추적하는 방법 중 하나는, 생존을 위해 타인의 도움이 필요한, 질병을 앓고 있는 개체를 찾는 것이다. 누군가를 돌본다는 것은 감정을 나눌 수 있다는 뜻이기 때문이다. 우리는 호모 사피엔스가 그럴 수 있다는 건 알고 있다. 하지만 네안데르탈인도 그럴 수 있다. 네안데르탈인의 화석 기록을 보면 심각한 장애로 고통받고 있어 생존을 위해서는 다른 사람의 도움이 필요한 개체가 많다. 화석 기록에서 심각한 질병의 징후를 발견할 때마다 그것이 전해주는 메시지는 부정적인 게 아니라 오

---

* 개인이 다른 사물이나 사람과 심리적 관계를 맺는 기본 방식을 결정하는 심리 내적 구조

히려 정반대다. 약한 자를 버리지 않는 집단이 있었다는 증거이기 때문이다. 그 집단은 다른 사람에게 무슨 일이 일어나는지 알고, 그런 일이 자신에게도 일어날 수 있다는 걸 이해하며 서로 도왔을 것이다.

그래서 우리는 지능에서 자기 인식으로, 자기 인식에서 상대방도 생각한다는 인식으로 넘어갔다. 그리고 마침내 자기 능력을 과시하기 위해 최고 수준인 '자기 성찰'이라는 또 다른 인지 수준으로 발전시킨다. 자기 성찰은 자기 생각을 되돌아보고 살피는 능력이다. 멀리 갈 것도 없이, 지금 이 순간에도 우리가 하고 있는 일이다. 자기 성찰을 하면 우리 내면의 조용한 목소리가 나타난다. 그 목소리는 계속 말을 하고 우리 내부와 외부에서 일어나는 일을 전달하며, 불면증으로 고통받는 사람들을 괴롭힌다.

자기 성찰은 언어의 진화(우리는 자기 생각을 '듣는다')와 밀접하게 연결되어 있고, 그 기능과 관련된 뇌 영역의 특정 변화로 나타난다. 자기 성찰은 우리 자신에 대해 생각하고, 다른 사람들이 우리를 어떻게 생각하는지를 생각할 수 있게 해준다. 심지어 거울에 비친 또 다른 거울 속의 거울처럼, 어지럽게 이어진 사슬 속에서 자신에 대해 생각하고, 다른 사람들이 나를 어떻게 생각할지, 그리고 그것이 나에게 얼마나 중요한지를 생각 —— 그렇다, 지금 바로 우리가 하는 일 —— 할 수 있게 한다. 우리는 자기 생각의 대상이 되고, 그때 바로 죽음에 대한 자각이 순수하게 나타난다.

최초의 호미니드들은 죽음이 무엇인지를 이해했다. 죽음은 삶의 일부이자 고통스러운 원인과 결과가 있는 사실이었다. 하지만 태초의 죽음은 어쨌든 남에게 일어난 일이었다. 호미니드들은 선악과를 먹고 삶 앞에서 벌거벗었음을 깨닫기 전까지는 평화로운 에덴에서 살았다. 오스카 와일드의 훌륭한 소설 『도리언 그레이의 초상The Picture of Dorian Gray』에서 젊은 그레이는 흠 없이 아름다웠지만, 그의 초상화는 노화와 악덕으로 추해졌다. 이것이 우리 역사의 일부가 아닐까? 우리는 모두 '도리언 그레이 증후군'을 앓고 있다. 호모 사피엔스는 아무리 어리고 건강해도 죽음을 이해하며, 『도리언 그레이의 초상』에서처럼 이웃의 죽음을 보며 자기 죽음을 투영할 수 있다. 공감은 다른 사람의 처지를 생각하게 하고, 내가 대접받고 싶은 만큼 남을 대접할 수 있게 한다. 놀라운 것은 호모 사피엔스가 자신에 대해 깊이 생각한다면 남의 입장을 이해할 수 있다는 것이며, 미래에 나도 겪을 수 있는 일에 대해 연민과 슬픔, 불안 같은 감정을 느끼게 된다는 것이다.

시간 여행자

예전에 필립 K. 딕의 단편 소설을 읽다가 '시간 여행자'라는 단어를 발견하고는 그것과 사랑에 빠졌다. 공상과학 소설 문학의 거장으로 꼽히는 그는 영화 〈블레이드 러너Blade Runner〉의 원작인 『안드로이드는 전기양의 꿈을 꾸는가?Do Androids Dream of Electric Sheep?』의 작가이기도 하다. '시간 여행자'는 공상과학 세계에서 가장 고전적이고 인기 있는 주제 중 하나다. 흥미롭게도 우리는 시간 여행을 하기 위해 몇 세기를 기다릴 필요가 없다. 우리 종은 이미 수천 년 동안 시간 여행자였고, 과거와 미래로 여행하는 일상적인 활동을 하고 있기 때문이다. 인지 발달의 결과, 우리 종은 '일시적인 자아Temporary self'*를 발달시킬 수 있었다.

기억에는 많은 유형이 있다. 우리 삶에서 근본적인 기능의 복잡함을 다룬 유쾌한 책을 읽고 싶다면 신경과학자 로드리고 퀸안 퀴로가의 『망각하는 기계The Forgetting Machine』를 추천한다. 모든 기억(단기 또는 장기, 서술** 또는 비서술, 의미*** 또는 일화****) 중에서 우리에게 시간 여행자가 될 수 있는 날개를 달아준 것은 바로 '자서전적 기억', 즉

---

*   끝없는 발전과 성장을 나타내는 영구적인 자아와 달리 일시적으로 경험하는 자아를 뜻하며, 개인이 특정한 시간과 상황에서 느끼는 생각, 감정 및 행동 등을 포함한다.

**   서술 기억은 사실이나 사건을 중심으로 한 기억으로 저장한 후 이를 의식적으로 회상할 수 있는 것이고, 비서술 기억은 습관이나 문제해결을 통해 얻어지는 기억으로 무의식에 존재한다.

***   의미 기억은 경험이 배제된 단순한 지식적인 기억이다.

****   일화 기억은 특정 시간과 장소에서 일어났던 과거의 개인적인 경험에 대한 기억이다.

'일화 기억'이다. 자서전적 기억은 일어난 사건들을 모아놓은 것 그 이상으로, 과거의 기억과 일어난 일에 대한 우리의 이해를 뜻한다. 우리는 처음 학교에 갔던 날이나 사랑하는 사람을 만난 날을 기억할 수 있다. 하지만 단순히 날짜와 시간, 정확한 장소 또는 있었던 일만 기억하는 게 아니라 그 '경험'에 얽혀 있는 느낌과 감정들까지 기억한다. 과거에 대한 매우 완전한 기억(벌어진 일, 우리에게 미친 영향, 우리 삶에 주는 의미)은 과거와 아직 오지 않은 미래를 연결하는 도구를 제공한다. 즉 기억을 통해 미래와 그 결과를 시뮬레이션한다.

자서전적 기억은 과거와 미래를 기억 — 그렇다, 나는 '미래를 기억한다'라고 말했다 — 할 수 있게 해준다. 우리가 이미 벌어진 일을 기억하기 위해 사용하는 많은 신경학적 메커니즘이 미래를 상상하는 데 사용하는 메커니즘과 같다는 사실을 밝히는 연구가 점점 늘어나고 있다. 정말 놀랍지 않은가? 유니버시티 칼리지 런던, 인지신경과학연구소의 신경과학자인 지로 오쿠다Jiro Okuda 연구팀도 이와 관련된 실험을 했다. 피실험자가 과거 사건을 기술할 때 활성화되는 뇌 영역은 미래의 사건을 기술할 때와 같은데, 주로 전전두엽 피질과 내측 측두엽의 일부(해마 및 해마곁이랑)가 포함되는 것으로 밝혀졌다. 이와 비슷한 다른 연구들도 우리 뇌가 미래 지향적이어서 기억의 주요 기능이 실제로 미래를 위해 준비하는 것이라는 의견을 뒷받침한다.

불완전한 인간

우리는 자기 자신에 대해 생각할 때 현재와 과거로 국한하지 않는다. 우리의 삶과 우리가 누구인지에 대한 인식과 검토는 우리가 어디까지 도달할 수 있다고 믿는지, 삶 전체에 대해 어떤 인식을 하는지, 어떤 유산을 남길 것인지, 더는 이 땅에 없을 때 다른 사람들에게 어떤 기억과 인상을 남길 수 있는지에 대한 비전을 갖는 데 매우 중요하다. 현실을 이해하고 원인과 결과를 연결하며, 세상에서 돌아가는 일들의 의미를 찾고 설명하도록 '타고난' 종種이 자기 삶에 같은 논리를 적용하지 않을 리 없다. 인간은 의식적으로든 무의식적으로든 삶의 의미를 찾고, 세상으로 향하는 걸음을 판단하며, 세상을 떠났을 때 어떤 판결이 내려질지 궁금해하며 살아간다. 우리는 죽음의 개념 — 죽음 자체가 아닌 — 을 만들어낸다. 죽음의 개념이 생기면 삶의 의미를 발견할 수 있다. 또한 인간은 사후의 명성을 만들어냈다. 오직 인간만이 자신이 사라진 후에도 세상이 계속 존재할 것임을 안다. 이 개념은 세상을 떠난 후에 자기 위치를 계속 되돌아보고 생각하도록 강요한다. 지금 어떻게 살고, 무엇을 하는지에 따라 사후가 달라지기 때문이다. 미래가 우리에게 무엇을 내놓을지는 알 수 없지만, 이제 우리는 미래가 과거와 밀접하게 연결되어 있다는 걸 안다.

미래를 대비하는 것보다 우리 진화에서 더 적응적이고 생존에 유용한 것이 있을까? 물론 전부 다 대비할 수는 없다. '미래를 본다'는 말에는 필연적으로 죽음도 함께 본다는 불편한 뜻이 내포되어 있다. 하지만 이런 죽음에 대한 자각은 우리의 높은 인지 능력의 '결과'일 뿐만 아니라 '운동 능력'의 결과이기도 하다.

문화인류학자이자 『죽음의 부정The Denial of Death』으로 퓰리처상을 수상한 어니스트 베커Ernest Becker에 따르면, 모든 인간의 작품 뒤에는 죽음에 대한 부정이 깔려 있다. 그런 라이트모티프는 우리가 하는 모든 일에 숨겨져 있다. 삶이란 불멸 추구를 위한 프로젝트다. 모든 문명과 인간의 모든 창조물 —— 예술, 문학, 음악, 심지어 그라피티까지 —— 은 결국 죽어서 없어지는 자연현상에 대한 방어이자, '내가 여기 있었다', '나였다'를 기록으로 남기려는 본능이다. 인간은 물리적 세계와 상징적 세계 속에서 산다. 그리고 상징적 세계만이 영속할 수 있다는 사실을 깨닫고, 그것을 위해 노력하며, 그 존재에 의미를 부여하고자 한다. 어니스트 베커의 설명처럼, 파괴적 에너지는 창조적 에너지로 변하고, 죽음에 대한 근본적 불안을 극복하는 것은 우리가 가치 있고 지속될 수 있는 무언가의 일부가 되고 싶게 한다.

역설적으로 고인과 나누는 작별 인사는 아직은 그를 놓아주지 않으려는 필사적인 노력이다. 우리는 죽은 사람들과도 계속 관계를 유지한다. 슬픈 일이지만 죽음 앞에서의 위로이기도 하다. 우리는 죽어서도 누군가에게는 의미있는 존재가 된다. 죽은 이들을 기념하는 의식과 의례, 관습, 갑작스럽거나 계획적인 기억, 개인적 또는 사회적인 표

불완전한 인간

현을 통해 계속 그들을 기억하려는 집념은 죽음이 마지막 인사를 하지 못하게 막기 위한 치열하고도 고집스러운 노력이다. 시간 여행자는 우리가 기억될 만한 사람으로 살고 싶게 만든다. 그럼으로써 후대까지는 아니더라도 적어도 우리가 사랑했던 사람들의 마음속에 자리잡게 될 것이다. 계속 살아 있을 방법 중에 다른 사람들 마음속에 남는 것보다 더 논리적인 방법이 있을까? 우리는 완전히 사라지고 싶지 않기 때문에 그 기억 속의 자리라도 차지하고 싶어 하는 게 아닐까?

아름다운 에세이 『센스 오브 원더The Sense of Wonder』에서 생물학자이자 환경보호론자, 현대 환경 인식의 최초 운동가 중 한 명인 레이첼 카슨Rachel Carson은 우리에게 지식과 애정과 감정을 분리하지 말고 살라고 촉구한다. 또한 그는 "눈, 코, 귀, 손끝을 사용하는 법을 배우면서, 사용하지 않는 감각적 인상sensory impressions*의 통로를 열어야 한다. 만일 그것을 한 번도 본 적이 없다면 무슨 일이 벌어질까? 만일 그것을 다시는 볼 수 없을 거라는 걸 안다면 어떻게 될까? (…) 만약 이걸 100년에 한 번, 아니 한 세대에 딱 한 번만 볼 수 있다면, 아마도 관객이 붐볐을 것이다. (…) 그런데 그들은 그것을 거의 매일 밤 볼 수 있기에, 아마도 절대 그것

---

* 일반적으로 인간이 느끼는 시각, 청각, 후각, 촉각, 미각을 통해 받아들이는 경험

을 보지 못할 것이다"라고 분명하게 말한다.

나는 시간을 인식하는 것 자체가 우리에게 살아갈 의지를 준다고 생각한다. 시간이 얼마 남지 않았음을 알기에 모든 좋은 것을 알고 싶어 하는 욕구가 생기며, (다소 절망적이지만) 더 오래 살게 하지는 못해도 더 풍요롭고 깊은 삶을 살아가게 하는 씨앗이라고 생각한다. 만일 우리가 죽는다는 걸 모른다면 매일 똑같이 살아가지 않을까?

끝인사

드디어 이 책의 마지막까지 왔다. 나는 이 책을 통해 우리 자신, 무엇보다도 우리의 결점들을 바라보는 새로운 방법을 찾게 될 것이라고 말했다. 그를 위해 생물학의 가장 어두운 구석 — 노화, 불안, 암, 감염, 심혈관 사고, 신경 퇴행성, 폭력, 죽음에 대한 두려움 — 을 들여다보는 일에 독자 여러분을 초대했다. 진화론이 그 균열들 속에 약간의 빛을 비추어주길 바라면서 말이다. 부디 그곳에 약간의 빛이라도 스며들었기를 바란다.

이 책을 통해 인간을 괴롭히는 많은 질병이 우리가 만든 새로운 세상 그리고 완전히 다른 환경에서 진화한 생물학 사이의 불일치 때문임을 알게 되었다. 몸은 새로운 생활 방식에 적응하고 재조정하며 살아가지만, 더는 존재하지 않는 위협에 무리하게 적응하려고 애쓰고, 새로운 적을 막을 방어력도 부족하다. 그렇다, 우리는 계속 발전하고 있다. 하지만 호모 사피엔스가 변화시키는 세상은 정신없을 정도로 빠른 '프레스토'인 반면, 다세포적이고 복잡한 동물인 인간의 진화는 '아다지오'로 느리게 흥얼대는 노래다. 물론 이것을 안다고 해서 공포증이나 불면증으로 고통받는 사람, 알레르기가 있거나 과체중과 싸우는 사람을 위해 해결책을 제시하지는 않는다. 하지만 나는 이런 문제 중 많은 부분이 진화론에 뿌리를 두고 있다고 생각하면 위안 — 다소 시적이고 유치한 표현임을 인정한다 — 이 된다.

질병들은 다른 체계들에 '약간'의 불편을 줄 수 있지만, 적응력을 높여야 하는 필요성에 대한 필수적인 보상으로 나타나기도 한다. 다면발현성이란 개념은 우리에게 일부 유전자가 하나 이상의 회로에 영향을 줄 수 있다는 걸 가르쳐주었다. 그중에는 분명 유익하지 않은 부분도 있지만 진화에서는 이점이 우선시되며 '부수적인 피해'도 불사한다. 이런 경우들을 보면 질병은 무조건 결점이 아니라 더 큰 이익을 위해 치르는 대가인 셈이다. 이것은 면역 체계의 과잉으로 인한 불균형 — 알레르기와 과민증, 자가 면역 상태 — 에서 매우 분명히 나타난다. 이런 질병은 호모 사피엔스가 기억력을 가진 순간부터 우리를 끈질기게 괴롭히는 바이러스, 박테리아, 기생충으로부터 방어하려는 우리의 노력, 때로는 과도한 열정 때문에 발생한다. 하지만 연기 감지기 사례처럼, 실제 위험에서 대응하지 못하는 것보다는 차

불완전한 인간

라리 잘못된 경보가 울리는 게 낫다. 감염에 대한 방어는 우리 종의 진화에서 가장 강력한 원동력 중 하나로 밝혀졌다. 그리고 이것으로 호모 사피엔스의 최근에 발생한 많은 돌연변이 또는 우리가 여전히 가지고 있는 네안데르탈인과의 혼종 유전자도 설명할 수 있다.

또한 인간이 대규모 감염에 취약하다는 이야기도 했는데, 이런 감염은 문명의 결과다. 번식과 인구학적 성공, 사회성, 정착 생활 방식은 인간에게 독이 든 선물인 셈이다. 하지만 앞에서 살펴본 것처럼 이 독은 자체 해독제를 가지고 있다. 약한 개인을 강하게 만들고 집단적 두뇌를 통해 이런 감염을 퇴치하고 예방하는 치료법을 개발하는 것은 바로 인간의 사회적 특징이다. 우리는 믿기 어려울 정도로 특이한 팬데믹을 경험했다. 이에 대한 '역사적 기억'이 없었기 때문이다. 하지만 진화론은 우리에게 가계의 오랜 역사를 통해 현재를 이해하는 데 필요한 '선사 시대 기억'을 제공한다.

예를 들어 신경계 활성화의 변화가 내분비계나 면역체계에 교차 효과를 미칠 수 있다는 사실을 이해하면 치료혁신을 위한 엄청난 가능성의 세계가 열린다. 따라서 코르티솔 수치가 비정상적으로 높은 불안 장애를 치료함으로써 알레르기 반응이나 일부 신체 조직 노화도 조절하고 예방할 수 있다. '근접원인proximate cause*'에 집중하는 대신, 기

---

* 근접원인은 생명의 기능을 연구할 때 발생하는 질문들로

능 장애를 해결하기 위한 간접적 또는 대안적 방법을 찾을 수 있다. 진화 의학이 기존 의료 행위를 대체하지는 않지만, 보완을 해주거나 진단 및 치료 접근 방식을 풍부하게 해줄 거라는 데는 의심의 여지가 없다.

자연 선택이 우리의 건강을 걱정한다는 생각을 버려야 한다. 자연 선택은 인간의 행복과 삶의 질에는 관심이 없다. 오로지 번식만 신경쓴다. 자연 선택은 냉정한 필터이기 때문에 생존할 수 없는 형태는 제거한다. 우리에게 고통을 주더라도 번식에 도움이 되는 돌연변이는 늘린다. 인간이 그런 고통의 대가를 치르는 때는 특히 노년기로, 후손을 통해 우리 종의 연속성에 이바지하는 '임무'를 끝냈을 때다. 그래서 나이가 들면 엄청나게 많은 질병이 나타난다. 신경 퇴행성 장애부터 모두를 괴롭히는 수많은 암에 이르기까지 그 그림자가 드리워진다. 하지만 더 오래 살고 싶지 않은 사람이 누가 있겠는가?

우리 종이 장수하는 이유는 노년기에도 번식 성공에 추가적인 도움을 주기 때문이다. 진화의 관점에서 노화 현상(완경)으로 이해되던 증상들은 정반대의 관점에서 자손(우리 자녀의 자녀)의 생존에 도움을 주므로 인류의 영속화에 이바지하는 진화 전략으로 읽힌다.

생리학적 원인을 뜻한다. 참고로 이와 비교되는 '궁극원인'은 생명의 역사를 연구할 때 발생하는 질문들로 진화적인 원인을 뜻한다.

불완전한 인간

진화론은 질병을 이해하는 데 많은 도움이 된다. 적어도 내 경우에는 그랬다. 건강과 관련해서 모든 좋고 나쁜 점에 대해 더 강렬하고 명쾌한 위안을 주었다. 내게 무슨 일이 벌어지고 왜 그런지를 알게 되면, 복잡한 회로를 움직이는 다세포 기계의 생물학적 경이로움에 찬사를 보낼 수밖에 없다. 이 기계는 보통 잘 작동하고, 고장 나기보다는 훨씬 효과적으로 작동하며, 고장 날 때는 그 부분을 고치기 위해 신비한 회로의 움직임을 펼친다. 이 모든 메커니즘이 우리의 오랜 진화 역사 속에서 만들어졌고, 생존을 위해 우리 선조와 함께 투쟁한다고 생각하니 즐겁고 흥미로우며 호기심도 생기고 안심도 된다.

나는 의학 교육 과정에 진화와 자연 선택, 다면발현성 개념에 대한 기본적 이해가 포함되어야 한다고 생각한다. 질병에 대해 훨씬 더 포괄적인 시야를 갖게 하고, 인류의 가장 흔한 질병 중 일부의 기원을 조사하는 데 — 종으로서 우리가 특정 질병에 더 걸리기 쉬운 원인을 찾는 데 — 도움이 되기 때문이다. 또한 질병 발현 배후에 있는 환경 요인을 발견하거나, 단순히 바이러스가 어떻게 움직이는지를 더 잘 이해하고, 그것도 아니면 그저 자연 선택에 영향을 받는 것을 이해하는 데에도 도움이 된다.

화석 기록에서 질병을 파악하는 것은 한 개체의 모습이 그 종을 '대표'하는 모습인지 식별하는 데 중요할 뿐만 아니라 그 개체와 집단의 강점에 대한 귀중한 정보를 제공한다.

역설적으로 우리는 질병의 징후(가골과 염증, 화농 등)가 일반적으로 회복의 징후이자 손상을 입었을 때 재생하려는 시도의 증거임을 알았다. 그래서 그 징후가 생존을 위한 싸움 장면을 '생생하고 직접적으로' 우리에게 제공한다는 사실도 깨달았다. 그렇다, 연민도 화석화된다. 우리는 그런 결점과 상처들을 통해 다른 사람의 고통을 자기 고통으로 여기게 된다. 그들을 품어주고 보호하며 연민을 느끼는 집단의 회복력과 결속력을 읽을 수 있다. 화석에서 발견된 질병이 심할수록 그 호미니드는 더 큰 어려움에 직면해야 했을 테고, 죽지 않기 위해 더 많은 도움이 필요했을 것이다.

호모 사피엔스의 특징 중 연민과 공감 또는 언젠가는 그것을 나도 겪을 수 있다는 이해에서 비롯된 타인에 대한 관심(친사회성)은 우리 종의 가장 독특한 특징 중 하나다. 질병의 이해와 그것에 따른 죽음의 개념은 특히 뇌의 진화와 관련된 많은 생물학적 및 행동적 특징의 기원이 되었을 가능성이 매우 크다.

인간은 죽음이 무엇인지 이해하고 죽음의 마지막 말을 뺏기 위해 다양한 노력을 기울였다. 유명한 업적부터 가장 개인적인 행동에 이르기까지 인류의 모든 작품에는, 우리가 이 세상에 없을 때에도 존재하고, 역사의 한 자리를 차지하며, 우리보다 오래 사는 사람들에게 애정이나 존경을 얻으려는 욕구가 숨겨져 있다. 즉 인간은 살아 있는 사람들을 통해 완전히 죽지 않기를 갈망한다. 그것은 영원히 살지 못

불완전한 인간

한다는 것을 알면서도 삶의 괴로움과 맞서 싸우는 인간만의 방식이다.

죽음을 피하는 것은 더는 본능이나 즉각적인 위험에 대한 반응이 아니다. 죽음에 대한 인식은 동물계에서 보기 드물게 지속적이고 의도적이며 합리화된 걱정을 불러일으킨다. 미래를 걱정하지만 자기 미래뿐만 아니라 자녀와 자녀의 자녀, 우리 종과 지구의 미래까지 걱정한다. 우리는 위험이 있는 곳에서 위험을 보고, 위험이 없지만 앞으로 위험해질 수 있는 곳에서도 위험을 본다. 이런 예측과 두려움의 대가로 죽음에 대한 인식은 우리를 살아 있게 ── 그리고 더 오래 살게 ── 한다. 우리에게 사는 건 중요하다. 그렇지만 언제 그리고 어떻게 죽을지 통제하는 것도 중요하다.

2008년, 나는 친구인 안토니오 알보르스와 호세 루이스 페레이라와 함께 마드리드의 멋진 말라사냐 지역에 단편 소설 전문 서점을 열었다. 그곳의 이름을 '노란 장미 세 송이'라고 붙였는데, 미국 단편 문학의 가장 위대한 작가 중 한 명인 레이먼드 카버가 19세기 러시아 작가이자 단편 소설의 거장인 안톤 체호프에게 헌정한 소설*의 스페인어판 제목이기도 하다. 이 서점은 모든 시대와 작가의 단편 소설을 전문으로 하기에 현대와 고전을 결합한 이 소설의 제목

---

* 영어 제목은 『코끼리 그리고 다른 이야기들(Elephant and Other Stories)』이고, 스페인어 제목은 『노란 장미 세 송이(Tres rosas amarillas)』로 출간되었다.

이 잘 어울릴 것 같았다. 이미 눈치를 챘겠지만, 이런 이유만으로도 이 소설은 내 삶에서 특별한 자리를 차지하기에 충분하다. 나는 그 책이 내 마음속에 깊은 흔적을 남겼다는 사실을 인정할 수밖에 없다.

『노란 장미 세 송이』는 안톤 체호프가 결핵을 앓던 때, 아내인 여배우 올가 니퍼Olga Knipper와 함께 바덴바일러의 온천에서 휴양하던 마지막 시간을 재현한다. 1904년 7월 2일 밤, 올가는 당시 불치병으로 알려진 체호프의 병세가 매우 악화되자 의사를 불렀다. 도착한 쉬버 박사는 체호프를 진찰한 후, 그가 앞으로 몇 분밖에 살 수 없다는 것을 알게 된다. 그러자 주방으로 연결된 전화기를 들더니 "이 집에서 가장 좋은 샴페인 한 병 부탁합니다"라고 말했다. 직원은 "잔은 몇 개나 필요하신가요?"라고 물었다. 그러자 박사는 전화기에 대고 "세 개"라고 외쳤다. 한 잔은 의사를 위해, 또 한 잔은 체호프, 그리고 나머지 한 잔은 부인을 위한 것이었다.

카버의 단편 소설에서 묘사된 쉬버 박사의 천재성과 감수성으로 가득 찬 결단은 정말 감동적이다. 나는 이 이야기를 읽을 때마다 감동한다. 상황을 그렇게 다루는 방식이 너무 인상적이었다. 한 남자는 피할 수 없는 종말에 다가가고 있고, 의사는 이 비극에 대처할 수 있는 더 나은 방법이 떠오르지 않아 샴페인을 한 잔 들고 작별 인사를 한다. 하지만 그 잔은 죽음이 슬퍼서가 아니라 위대한 사람의 삶을 축하하기 위한 것이다. 카버는 "그것은 특별한 영감을 주는 순간 중 하나였지만 쉽게 잊히곤 한다. 왜냐하면 당연할 정도로 너무 자연스러워 보이기 때문이다"라고 썼다. 그 장면이 나에게 준 영향은 말로 다 설명하기 힘들 정도다. 그의 행동은 놀랍지만, 너무 자연스럽고 당연하다. 이것이 바로 호모 사피엔스가 죽음을 대하는 방식이 되어야 하지 않을까?

우리는 일평생 밤과 낮, 성공과 실패, 환상과 두려움, 원한과 애정으로 가득한 삶을 살아간다. 이렇게 살아가며 수많은 경험을 하지만, 이 세상을 떠나는 방법에 훨씬 더 큰 무게를 둔다. 그 마지막 에피소드, 끝인사에는 세상을 향해 취하는 마지막 포즈가 담기기 때문이다. 인간은 삶을 살고, 삶의 문제를 해결한다. 삶에서 일어나는 일들을 일관된 이야기로 만들고, 역경들을 원인과 결과 그리고 서론, 본론, 결론의 논리적 순서로 연결한다. 인간은 우리에게 벌어지는 일들의 의미를 찾기 위해 이해하고 설명하는 뇌를 가진, 이야기하는 종이다. 그렇게 일상과 마주하는 동시에 삶 전체와 마주한다. 아마도 그런 이유로 내가 체호프의 마지막 숨에 경의를 표한 '카버식' 축배에 감동하는 것 같다. 최고의 영화가 좋지 않은 결말로 끝나는 게 용납되지 않는 것처럼, 우리에겐 사는 방식뿐만 아니라 죽는 방식도 중요하다. 인간은 죽음을 두려워하지만, 무엇보다도 삶이 미완성으로 남겨지는 것을 두려워한다. 문제는 우리가 보기에 죽음이 항상 너무 이르게 느껴진다는 것이다.

이제 정말 끝났다. 이 책을 읽는 동안 넓은 마음으로 나와 함께해준 독자 여러분께 고백하고 싶은 게 있다. 나도 나의 마지막 순간이 다가올 때, 이 땅에서의 나를 기억하며 건배를 건네줄 누군가가 있기를 바라는 마음속 깊은 소원 ── 어쩌면 허영이고 덧없을 수 있는 ── 이 있다. 떠나는 아픔을 달래기는 어렵겠지만, 이별의 눈물을 샴페인으로 바꿀 수 있다면 얼마나 좋을까.

불완전한 인간

감사의 말

이 책을 쓰면서 다 열거하기 어려울 정도로 많은 분께 신세를 졌습니다. 그래서 여기에서는 특히 이 책을 완성하는 데 직접적인 역할을 해주신 분들의 이름을 불러보려고 합니다. 먼저 잘 인도해주고 인내해준 편집자 마르티나 토라데스에게 감사드립니다. 그래프 자료를 도와준 성실한 벗 엘레나 산토스에게도 감사를 전합니다. 음토토의 대부인 페르난도 푸에요, 당신은 예술로 그에게 생명을 불어넣어 주었습니다. 당신의 기억은 언제나 인간의 감성을 위한 축배가 될 것입니다.

이 책 원고의 전부 또는 일부를 읽어주신 분들께도 감사합니다. 아버지와 형제인 페데리코와 마르코스, 후안 이그나시오 페레스(이냐코), 파트리시아 페르난데스 데 리스, 호세 마리아 베르무데스 데 카스트로, 당신들이 현명하고 주의 깊게 이 글을 읽어준 덕분에 계속 진행하고 마무리를 지을 수 있었습니다. 이 책에 도움이 될 만한 중요한 도서 자료를 알려준 후안 루이스 아르수아가에게도 감사합니다. 호세 마리아 베르부데스 데 카스트로와 앙헬 카라세도에게 감사를 전합니다. 이 책은 당신들과 함께 내디딘 저의 첫걸음이자 유산입니다.

바다처럼 넓은 마음과 예리한 감각을 지니신 부모님, 페데리코와 헤오르히나, 그리고 나의 뼈대인 형제들 페데리코, 헤오르히나, 마테오, 마르코스, 루카스, 나사렛. 이 책은 이들의 신뢰와 집요함의 결과입니다. 끝으로 이 모든 것을 이해해준 내 아이들 마리아와 마크, 그리고 항상 내 편인 남편 마크에게 감사를 전합니다.

참고문헌

이 책을 쓰면서 참고한 책들입니다.
본문에서 언급한 인용과 관련하여 더 자세히 알고 싶어 하는 독자를 위해 덧붙입니다.

Abi-Rached, L., Jobin, M. J. y Kulkarni, S. *et al.*, «The Shaping of Modern Human Immune Systems by Multiregional Admixture with Archaic Humans», *Science*, 334 (2011), pp. 89-94.

Ader, R., «Psychoneuroimmunology», *Current Directions in Psychological Science*, 10 (2001), pp. 94-98.

Aiello, L. y Wheeler, P., «The Expensive-Tissue Hypothesis: The Brain and the Digestive System in Human and Primate Evolution», *Current Anthropology*, 36 (1995), pp. 199-221.

Arias, E., «United States Life Tables», *National Vital Statistics Reports*, 54 (2006), pp. 1-40.

Arsuaga, J. L., *Vida, la gran historia*, Ediciones Destino, Barcelona, 2019.

Bandelow, B. y Michaelis, S., «Epidemiology of Anxiety Disorders in the 21 st Century», *Dialogues in Clinical Neuroscience*, 17 (2015), pp. 327-335.

Barkai, R., Rosell, J., Blasco, R. y Gopher, A., «Fire for a Reason. Barbecue at Middle Pleistocene Qesem Cave, Israel», *Current Anthropology*, 58 (2017), S314-S328.

Barreiro, L. B., Laval, G., Quach, H. et al., «Natural selection has driven population differentiation in modern humans», *Nature Genetics*, 40 (2008), pp. 340-345.

Becker, E., The Denial of Death, Souvenir Press, 2020. Versión castellana: *La negación de la muerte*, Editorial Kairós, Barcelona,

2003.

Bermúdez de Castro, J. M., Dioses y mendigos. *La gran odisea de la evolución humana*, Editorial Crítica, Barcelona, 2020.

Bermúdez de Castro, J. M., Modesto-Mata, M. y Martinón- Torres, M., «Brains, teeth and life histories in hominins. A review», *Journal of Anthropological Sciences*, 93 (2015), pp. 1-22.

«Biology, Neurology, and Cognition in Adolescence», *The Encyclopedia of Child and Adolescent Development*, Vol. 8 (eds. Hupp, S., Jewell, J. D.), Wiley Blackwell, Hoboken, 2020, pp. 3927-3939.

Blurton Jones, N., *Demography and Evolutionary Ecology of Hadza Hunter-Gatherers*, Cambridge University Press, Cambridge, Reino Unido, 2016.

Bogin, B., «Adolescence in evolutionary perspective», *Acta Paediatrica*, 406 (1994), pp. 29-35.

Borges, J. L., «Funes el memorioso», *Ficciones*, Alianza Editorial, Madrid, 1971.

Bradbury, R., *La feria de las tinieblas*, Ediciones Minotauro, Barcelona, 2002.

——, «La muerte y la doncella», *Las maquinarias de la alegría*, Ediciones Minotauro, Barcelona, 2002.

Brodin, P., Jojic, V., Gao, T. et al., «Variation in the Human Immune System Is Largely Driven by Non-Heritable Influences», *Cell*, 160 (2015), pp. 37-47.

Broyard, A., *Ebrio de enfermedad y otros textos de la vida y la muerte*, Ediciones La Uña Rota, Segovia, 2013.

Bruner, E. y Jacobs, H. I., «Alzheimer's disease: the downside of a highly evolved parietal lobe?», *Journal of Alzheimer's Disease*, 35 (2013), pp. 227-240.

Capasso, L. L., «Antiquity of cancer», *International Journal of Cancer*, 113 (2005), pp. 2-13.

Capellini, I., Barton, R. A., McNamara, P. et al., «Ecology and Evolution of Mammalian Sleep», *Evolution*, 62 (2008), pp. 1764-1776.

불완전한 인간

Carson, R., *El sentido del asombro*, Ediciones Encuentro, Madrid, 2012.

Carver, R., *Tres rosas amarillas*, Editorial Anagrama, Barcelona, 2003.

Casás-Selves, M. y DeGregori, J., «How cancer shape evolution, and how evolution shapes cancer», *Evolution*, 4 (2011), pp. 624-634.

Chang, H. J. y Kuo, C. C., «Overexcitabilities: Empirical studies and application», *Learning and individual differences*, 23 (2013), pp. 53-56.

Cheverud, J., «Developmental Integration and the Evolution of Pleiotropy», *American Zoology*, 35 (1996), pp. 44-50.

Clark, D. M. y Wells, A., «A cognitive model of social phobia», *Social phobia: diagnosis, assessment and treatment*, The Guildford Press, Nueva York, 1995, pp. 69-93.

Clark, T. K., Lupton, M. K., Fernández-Pujals, A. M. et al., «Common polygenic risk for autism spectrum disorder (ASD) is associated with cognitive ability in the general population», *Molecular Psychiatry*, 21 (2016), pp. 419-425.

Cross, A. J., Ferrucci, L. M., Risch, A. et al., «A large prospective study of meat consumption and colorectal cancer risk: An investigation of potential mechanisms underlying this association», *Cancer Research*, 70 (2010), pp. 2406-2414.

Czarnetzki, A., «Pathological changes in the morphology of the Young Paleolithic skeletal remains from Stetten (Southwest Germany)», *Journal of Human Evolution*, 9 (1980), pp. 15-17.

Czarnetzki, A., Schwaderer, E. y Pusch, C. M., «Fossil record of meningioma», *The Lancet*, 362 (2003), p. 408.

Dart, R. A., «The Osteodontokeratic Culture of *Australopithecus Prometheus*», *Transvaal Museum Memoir*, 10 (1957).

Darwin, C., *The descent of man and selection in relation to sex*, John Murray, Londres, Albermarle Street, 1.ª ed., 1871. Versión castellana: *El origen del hombre*, Editorial Crítica, Barcelona, 2021.

——, *The Origin of Species by Means of Natural Selection, or the*

Preservation of Favoured Races in the Struggle for Life, John Murray, Londres, 6.ª ed., 1872. Versión castellana: *El origen de las especies*, Austral, Barcelona, 2012.

De Luca, E., «Mamm'Emilia», *El contrario de uno*, Editorial Siruela, Madrid, 2005.

Delibes, M., La sombra del ciprés es alargada, *Miguel Delibes*. Obra completa, Tomo I., Ediciones Destino, Barcelona, 1964.

——, *Un mundo que agoniza*, Editorial Plaza & Janés, Barcelona, 1979.

Deschamps, M., Laval, G., Fagny, M. et al., «Genomic signatures of selective pressures and introgression from archaic hominins at human innate immunity genes», *American Journal of Human Genetics*, 98 (2016), pp. 5-21.

DeSilva, J. M., Traniello, J. F. A., Claxton, A. G. y Fannin, L. D., «When and why did human brains decrease in size? A new change-point analysis and insights from brain evolution in ants», *Frontiers in Ecology and Evolution*, 9 (2021), 742639.

Dobson, A. P. y Carper, E. R., «Infectious diseases and human population history», *BioScience*, 46 (1996), pp. 115-125.

Dunbar, R., «Breaking Bread: the Functions of Social Eating», *Adaptive Human Behaviour and Physiology*, 3 (2017), pp. 198-211.

——, «The Anatomy of Friendship», *Trends in Cognitive Science*, 22 (2018), pp. 32-51.

Ellis, B. J., Dishion, T. J., Gray, P. et al., «The Evolutionary Basis of Risky Adolescent Behaviour: Implications for Science, Policy and Practice», *American Psychological Association*, 48 (2012), pp. 598-623.

Ember, C. R., «Feminine Task Assignment and the Social Behavior of Boys», *Ethos*, 1 (1973), pp. 424-439.

Ende, M., *Momo*, Ediciones Alfaguara, Madrid, 1984.

Ermis, U., Krakow, K. y Voss, U., «Arousal thresholds during human tonic and phasic REM sleep», *Journal of Sleep Research*, 19 (2010), pp. 400-406.

불완전한 인간

Fernández Flórez, W., *El bosque animado*, Editorial Anaya, Barcelona, 1992.

Fowles, J., *El árbol*, Editorial Impedimenta, Madrid, 2015.

Fox, J. G., Beck, P., Dangler, C. A. et al., «Concurrent enteric helminth infection modulates inflammation and gastric immune responses and reduces *Helicobacter-induced* gastric atrophy», *Nature Medicine*, 6 (2000), pp. 536-542.

Fuller Torrey, E., *Evolving Brains, Emerging Gods: Early Humans and the Origins of Religion*, Columbia University Press, Nueva York, 2017.

Furness, J. B. y Bravo, D. M., «Human as cucinivores: comparisons with other species», *Journal of Comparative Physiology B*, 185 (2015), pp. 825-834.

Gatenby, R. A. y Brown, J. S., «Integrating evolutionary dyna-mics into cancer therapy», *Nature Reviews Clinical Oncology*, 11 (2020), pp. 675-686.

Gawande, A., Ser mortal. *La medicina* y lo que al final importa, Galaxia Gutenberg, Barcelona, 2015.

Golding, W., *El señor de las moscas*, Alianza Editorial, 1990.

Gómez, J. M., Verdú, M., González-Megías, A. y Méndez, M., «The phylogenetic roots of human lethal violence», *Nature*, 538 (2016), pp. 233-237.

Gompertz, B., «On the Nature of the Function Expressive of the Law of Human Mortality, and on a New Mode of Determining the Value of Life Contingencies», *Philosophical Transactions of the Royal Society*, 115 (1825): pp. 513-585.

Gowlett, J. A. J. y Wrangham, R. W., «Earliest fire in Africa: towards the convergence of archaeological evidence and the cooking hypothesis», *Azania*, 48 (2013), pp. 5-30.

Gracia Armendáriz, J., *Diario del hombre pálido*, Editorial Demipage, Madrid, 2010.

Gracia-Téllez, A., Arsuaga, J. L., Martínez, I. et al., «Craniosynostosis in the Middle Pleistocene human Cranium 14 from the Sima de los Huesos, Atapuerca, Spain», *Proceedings of the Natural Academy of Sciences of USA*, 106 (2009), pp. 6573-6578.

Gracia-Téllez, A., Arsuaga, J. L., Martínez, I., Martín-Francés, L. *et al.*, «Orofacial pathology in *Homo heidelbergensis*: the case of Skull 5 from the Sima de los Huesos site (Atapuerca, Spain)», *Quaternary International*, 295 (2013), pp. 83-93.

Greaves, M., «Darwinian medicine: a case for cancer», *Nature Reviews*, 7 (2007), pp. 213-221.

Gunn-Moore, D., Kaidanovic, O. *et al.*, «Alzheimer's disease in humans and other animals: A consequence of postreproductive life span and longevity rather than agin», *Alzheimer's & Dementia*, 14 (2017), pp. 195-204.

Hamilton, W. D., «The Moulding of Senescence by Natural Selection», *Journal of Theoretical Biology*, 12 (1966), pp. 12-45.

Han, Byung-Chul, *La sociedad del cansancio*, Herder Editorial, Barcelona, 2017.

Harari, Y. N., Sapiens. *De animales a dioses: Breve historia de la humanidad*, Editorial Debate, Madrid, 2015.

Hawkes, K., O'Connell, J. F. y Blurton Jones, N. G., «Grandmothering, menopause, and the evolution of human life histo-ries», *Proceedings of the National Academy of Sciences*, 95 (1998), pp. 1336-1339.

Hawkes, K., O'Connell, J. F., Blurton Jones, N. G. et al., «The grandmother hypothesis and human evolution», *Adaptation and Human Behaviour. An anthropological perspective* (eds. Cronk, L., Chagnon, N. y Irons, W.), Routledge, Londres, 2000.

Hoehl, S., Hellmer, K., Johansson, M. y Gredebäck, G., «Itsy bitsy spider...: Infants react with increased arousal to spiders and snakes», *Frontiers in Psychology*, 8 (2017), p. 1710.

Huxley, A., Brave New World, Penguin Books, 1955. Versión castellana: *Un mundo feliz, Debolsillo*, Madrid, 2021.

불완전한 인간

Ingram, C. J. E., Mulcare, C. A., Itan, Y. *et al.*, «Lactose digestion and the evolutionary genetics of lactose persistence», *Human Genetics*, 124 (2009), pp. 579-591.

Jurmain, R. «Trauma, degenerative disease and other pathologies among the Gombe chimpanzees», *American Journal of Physical Anthropology*, 80 (1989), pp. 229-237.

Kappelman, J., Cihat Alçiçek, M., Kazanci, N. et al., «Brief communication: First Homo erectus from Turkey and implications for migrations into temperate Eurasia», *American Journal of Physical Anthropology*, 135 (2008), pp. 110-116.

Kappelman, J., Ketcham, R. A., Pearce, S. et al., «Perimortem fractures in Lucy suggest mortality from fall out of tall tree», *Nature*, 537 (2016), pp. 503-507.

Karpinski, R. I., Kolb, A. M. K., Tetreault, N. A. y Borowski, T. B., «High intelligence: A risk factor for psychological and physiological overexcitabilities», *Intelligence*, 66 (2018), pp. 8-23.

Kidgell, C., Reichard, U., Wain, J. et al., «Salmonella typhi, the causative agent of typhoid fever is approximately 50,000 years old», *Infection, Genetics and Evolution*, 2 (2002), pp. 39-45.

Kingsley, R. A. y Baumler, A. J., «Host adaptation and the emergence of infectious disease: the Salmonella paradigm», *Molecular Microbiology*, 36 (2000), pp. 1006-1014.

Kucharski, A., *Las reglas del contagio*, Capitán Swing, Madrid, 2020.

Lalueza-Fox, C., Gigli, E., de la Rasilla, M. et al., «Bitter taste perception in Neanderthals through the analysis of the TAS2R38 gene», *Biology Letters*, 5 (2008), pp. 809-811.

Liu, L., Kealhofer, I., Cen, X. et al., «A Broad-Spectrum Subsistence Economy in Neolithic Inner Mongolia, China: Evidence from Grinding Stones», *Holocene*, 24 (2014), pp. 726-742.

London, J., «Ley de vida», *Obras Selectas de Jack London*, Edimat libros, Madrid, 2015.

Ludwig, A. M., «Creative achievement and psychopathology: comparison among professions», *American Journal of Psychotherapy*, 46 (1992), pp. 330-356.

Mann, T., *La montaña mágica*, Edhasa, Barcelona, 2009.

Martín-Francés, L., *Revision and study of the paleopathology of Plio-Pleistocene hominins, with a special focus on fossils from Sierra de Atapuerca*, tesis doctoral, Universidad de Alcalá de Henares, Madrid, 2015.

Martín-Francés L., Martinón-Torres, M., Lacasa-Marquina, E. *et al.*, «Palaeopathology of the Plio-Pleistocene specimen D2600 from Dmanisi (Republic of Georgia)», *Comptes Rendus Palevol*, 13 (2014), pp. 189-203.

Martinón-Torres, M., d'Errico, F., Santos, E. et al., «The earliest known human burial in Africa», *Nature*, 593 (2021), pp. 95-100.

Martinón-Torres, M., Martín-Francés, L., Gracia, A. et al., «Early Pleistocene human mandible from Sima del Elefante (TE) cave site in Sierra de Atapuerca (Spain): A palaeopathological study», *Journal of Human Evolution*, 61 (2011), pp. 1-11.

Martinón-Torres, M., Xiujie, W., Bermúdez de Castro, J. M. *et al.*, «Homo sapiens in the Eastern Asian Late Pleistocene», *Current Anthropology*, 58 (2017), S434-S488.

Mastrangelo, G., Fadda, E. y Marzia, V., «Polycyclic aromatic hydrocarbons and cancer in man», *Environmental Health Perspectives*, 11 (1996), pp. 1166-1170.

Mathias, R. A., Fu, W., Akey, J. M. *et al.*, «Adaptive evolution of the FADS gene cluster within Africa», PLOS ONE, 7 (2012), e44926.

Mathieson, I., Lazaridis, I., Roland, N. *et al.*, «Genome-wide patterns of selection in 230 ancient Eurasians», *Nature*, 528 (2015), pp. 499-503.

McArthy, C., *El Sunset Limited*, Literatura Random House, Madrid, 2012.

McPherron, S. P., Alemseged, Z., Marean, C. W. et al., «Evidence or stone-tool-assisted consumption of animal tissues before 3.39

불완전한 인간

million years ago at Dikika, Ethiopia», *Nature*, 466 (2019), pp. 857-860.

Miller, D. J., Duka, T., Stimpson, C. D. et al., «Prolonged myelination in human neocortical evolution», *Proceedings of the Natural Academy of Sciences of USA*, 109 (2012), pp. 16480-16485.

Mineka, S. y Öhman, A., «Phobias and preparedness: the selective, automatic, and encapsulated nature of fear», *Biological Psychiatry*, 52 (2002), pp. 927-937.

Monge, J., Kricun, M., Radovčić, J. et al., «Fibrous Dysplasia in a 120,000+ Year Old Neandertal from Krapina, Croatia», *PLOS ONE*, 8 (2013), Art. #e64539.

Mukherjee, S., *The emperor of all maladies. A biography of cancer*, Simon & Schuster, Nueva York, 2011. Versión castellana: El emperador de todos los males. *Una biografía del cáncer, Editorial Debate*, Madrid, 2014.

Mukherjee, S., Sarkar-Roy, N., Wagener, D. K. y Majumder, P. P., «Signatures of natural selection are not uniform across genes of innate immune system, but purifying selection is the dominant signature», *Proceedings of the Natural Academy of Sciences of USA*, 106 (2009), pp. 7073-7078.

Muris, P., Merckelbach, H. y Collaris, R., «Common childhood fears and their origins», *Behavioral Research and Therapy*, 35 (1997), pp. 929-937.

Nédélec, Y., Sanz, J., Baharian, G. *et al.*, «Genetic ancestry and natural selection drive population differences in immune responses to pathogens», *Cell*, 167 (2015), pp. 657-669.

Nesse, R. M., Stearns, S. C. y Omenn, G. S., «Medicine needs evolution», *Science*, 311 (2006), p. 1071.

Nesse, R. M. y Williams, G. C., *Why we get sick: the new Science of Darwinian Medicine*, Knopf Doubleday Publishing Group, Nueva York, 1996. Versión castellana: *Por qué enfermamos*, Editorial Grijalbo, Barcelona, 2000.

Nowak, M. A., Tarnita, C. E. y Wilson, E. O., «The evolution of eusociality», *Nature*, 466 (2010), pp. 1057-1062.

Odes, E. J., Randolph-Quinney, P. S., Steyn, M. et al., «Earliest hominin cancer: 1.7-milllion-year-old osteosarcoma from Swartkrans Cave, South Africa», *South African Journal of Science*, 112 (2016), Art. #2015-0471.

Ohayon, M. M., Carskadon, M. A., Guilleminault, C. y Vitiello, M., «Meta-analysis of quantitative sleep parameters from childhood to old age in healthy individuals: developing normative sleep values across the human lifespan», *Sleep*, 27 (2004), pp. 1255-1273.

Pallen, M. J. y Wren, B. W., «Bacterial pathogenomics», *Nature*, 449 (2007), pp. 835-841.

Pandi-Perumal, S., Seils, L., Kayumov, L. et al., «Senescence, sleep, and circadian rhythms», *Ageing Research Reviews*, 1 (2002), pp. 559-604.

Pérez, P., Gracia, A., Martínez, I. y Arsuaga, J. L., «Paleopathological evidence of the cranial remains from the Sima de los Huesos Middle Pleistocene site (Sierra de Atapuerca, Spain). Description and preliminary inferences», *Journal of Human Evolution*, 33 (1997), pp. 409-421.

Perry, G. H., Dominy, N. J., Claw, K. G. et al., «Diet and the evolution of human amylase gene copy number variation», *Nature Genetics*, 39 (2007), pp. 1526-1560.

Pettitt, P., «Hominin evolutionary thanatology from the mortuary to funerary realm: the palaeoanthropological bridge between chemistry and culture», *Philosophical Transactions of the Royal Society B*, 373 (2018), 20180212.

Phelan, J., Weiner, M. J., Ricci, J. L. *et al.*, «Diagnosis of the Pathology of the Kanam Mandible», *Oral Surgery, Oral Medicine, Oral Pathology, Oral Radiology, and Endodontology*, 103 (2007), p. 320.

Pontzer, H., Scott, J., Lordkipanidze, D. y Ungar, P. S., «Dental microwear texture analysis and diet in the Dmanisi hominins»,

Journal of Human Evolution, 61 (2011), pp. 683-687.

Profet, M., «The Function of Allergy: Immunological Defense Against Toxins», *The Quaterly Review of Biology*, 66 (1991), pp. 23-62.

Purushotham, A. D. y Sullivan, R., «Darwin, medicine and cancer», *Annals of Oncology*, 21 (2010), pp. 199-203.

Quian Quiroga, R., *Qué es la memoria*, Editorial Ariel, Barcelona, 2018.

Raj, T., Kuchroo, M., Replogle, J. M. et al., «Common risk alleles for inflammatory diseases are targets of recent positive selection», *The American Journal of Human Genetics*, 82 (2013), pp. 517-529.

Randler, C., «Sleep, sleep timing and chronotype in animal behaviour», *Animal Behavior*, 94 (2014), pp. 161-166.

Randolph-Quinney, P. S., Williams, S. A., Steyn, M. et al., «Osteogenic tumour in Australopithecus sediba: Earliest hominin evidence for neoplastic disease», *South African Journal of Science*, 112 (2016), Art. #2015-0470.

Robson, S. L. y Wood, B., «Hominin life history: reconstruction and evolution», *Journal of Anatomy*, 212 (2008), pp. 394-425.

Roenneberg, T., Merrow, M., «Circadian clocks - the fall and rise of physiology», *Nature Reviews. Molecular Cell Biology*, 6 (2005), pp. 965-970.

Rommelse, N., Van de Kruijs, M., Damhuis, J. et al., «An Evidence-Based Perspective on The Validity of Attention-Deficity/ Hyperactivity Disorder in the Context of High Intelligence», *Neuroscience & Biobehavioral Reviews*, 71 (2016), pp. 21-47.

Rothschild, B. M., Tanke, D. H., Hebling, M. y Martin, L. D., «Epidemiologic study of tumors in dinosaurs», *Naturwissenschaften*, 90 (2003), pp. 495-500.

Saint-Exupéry, A. de, *El principito*, Ediciones Salamandra, Barcelona, 2001.

Sala, N., Arsuaga, J. L., Pantoja-Pérez, A. *et al.*, «Lethal interpersonal violence in the Middle Pleistocene», *PLOS ONE*, 10 (2015), e0126589.

Salinger, J. D., *El guardián entre el centeno*, Alianza Editorial, Madrid, 2003.

Samson, D. R., Crittenden, A. N., Mabulla, I. A. *et al.*, «Chronotype variation drives night-time sentinel-like behaviour in hunter-gatherers», *Proceedings of the Biological Society*, 284 (2017), 0170967.

Sanders, K., *Bodies in the Bog and the Archaeological Imagination*, The University of Chicago Press, Chicago, 2009.

Schacter, D. L., Addis, D. R. y Buckner, R., «Remembering the past to imagine the future: the prospective brain», *Nature Review Neuroscience*, 8 (2007), pp. 657-661.

Schilthuizen, M., Darwin *viene a la ciudad. La evolución de las especies urbanas*, Turner Publicaciones, Madrid, 2019.

Sender, R., Fuch, S. y Milo, R., «Revised estimates for the number of human and bacteria cells in the body», *PLOS ONE*, 14 (2016), 31002533.

Ser médico. *Los valores de una profesión* (directores: Millán Núñez-Cortés, J. y del Llano Señarís, J. E.), Unión Editorial, Cátedra de Educación Médica-Fundación-Lilly-UCM, Santiago de Chile, 2012.

Sillitoe, A., *La soledad del corredor de fondo*, Editorial Impedimenta, Madrid, 2014.

Simonton, D. K. y Song, A. V., «Eminence, IQ, physical and mental health, and achievement domain: Cox's 282 geniuses revisited», *Psychological Science*, 20 (2009), pp. 429-434.

Smallwood, T. B., Giacomin, P., Loukas, A. et al., «Helminth immunomodulation in autoimmune disease», *Frontiers in Immunology*, 8 (2017), pp. 1-15.

Smith, D. J., Anderson, J., Zammit, S. *et al.*, «Childhood IQ and risk of bipolar disorder in adulthood: Prospective birth cohort study», *British Journal of Psychiatry Open*, 1 (2015), pp. 74-80.

Smith, H. F., Parker, W., Kotze, S. H. et al., «Morphological evolution

불완전한 인간

of the mammalian cecum and cecal appendix», *Comptes Rendus Palevol*, 16 (2007), pp. 39-57.

Snir, A., Nadel, D. y Weiss, E., «Plant-food preparation on two consecutive floors at Upper Paleolithic Ohalo II, Israel», *Journal of Archaeological Science*, 53 (2015), pp. 61-71.

Snyder, F., «Toward an evolutionary theory of dreaming», *The American Journal of Psychiatry*, 123 (1966), pp. 121-136.

Soranzo, N., Bufe, B., Sabeti, P. C. *et al.*, «Positive selection on a high-sensitive allele of the human bitter-taste receptor TAS2R16», *Current Biology*, 15 (2005), pp. 1257-1265.

The Oxford Handbook of Evolutionary Medicine (eds. Brüne, M., Shiefenhövel, W.), Oxford University Press, Oxford, 2019.

Theofanopoulou, C., Gastaldon, S., O'Rourke, T. et al., «Self-domestication in Homo sapiens: Insights from comparative genomics», *PLOS ONE*, 12 (2017), e0185306.

Tobias, P. V., «The pathology of the Kanam mandible», *Journal of Paleopathology*, 6 (1994), pp. 125-128.

Underdown, S., «A potential role for transmissible spongiform encephalopathies in Neanderthal extinction», *Medical Hypothesis*, 71 (2008), pp. 4-7.

Van Schaik, C. P., «Why are diurnal primates living in groups?», *Behaviour*, 87 (1983), pp. 120-144.

Wadley, L., Esteban, I., de la Peña, P. et al., «Fire and grass-bedding construction 200 thousand years ago at Border Cave, South Africa», *Science*, 369 (2020), pp. 864-866.

Weismann, A., «The Duration of Life», A. Weismann: *Essays upon Heredity and Kindred Biological Problems*, Clarendon Press, Oxford, 1891.

Weyrich, L., Duchene, S., Soubrier, J. *et al.*, «Neanderthal behaviour, diet, and disease inferred from ancient DNA in dental calculus», *Nature*, 544 (2017), pp. 357-361.

Wiessner, P. W., «Embers of society: Firelight talk among the Ju/'hoansi Bushmen», *Proceedings of the National Academy of Sciences of the United States of America*, 30 (2014), pp. 14027-14035.

Williams, G. C., «Pleiotropy, natural selection and the evolution of senescence», *Evolution*, 11 (1957), pp. 398-411.

Wilson, E. O., The origins of creativity, Penguin Books, Londres, 2017. Versión castellana: *Los orígenes de la creatividad humana*, Editorial Crítica, Barcelona, 2018.

——, The social conquest of Earth, W. W. Norton and Company, Nueva York, 2012. Versión *castellana: La conquista social de la Tierra*, Editorial Debate, Madrid, 2012.

Woolf, V., *Estar enfermo. Notas desde las habitaciones de los enfermos*, Alba Editorial, Barcelona, 2019.

Wrangham, R. W., «Two types of aggression in human evolution», *Proceedings of the Natural Academy of Sciences of USA*, 115 (2017), pp. 245-253.

Wrangham, R., *En llamas: cómo la cocina nos hizo humanos*, Capitán Swing, Madrid, 2019.

Wraw, C., Deary, I. J., Der, G. y Gale, C. R., «Intelligence in youth and mental health at age 50», *Intelligence*, 58 (2016), pp. 69-79.

Yates, J. A. F., Velsko, I., Aron, F. *et al.*, «The evolution and changing ecology of the African hominid oral microbiome», P*roceedings of the Natural Academy of Sciences of USA*, 118 (2020), e20216551.

Zhernakova, A., Elbers, C. C., Ferwerda, B. *et al.*, «Evolutionary and functional analysis of celiac risk loci reveals SH2B3 as a protective factor against bacterial infection», *American Journal of Human Genetics*, 86 (2010), pp. 970-977.

불완전한 인간

초판 1쇄 발행 2024년 7월 10일

지은이   마리아 마르티논 토레스
옮긴이   김유경

펴낸이   조미현
책임편집 박이랑
디자인   나윤영

펴낸곳   현암사
등록   1951년 12월 24일 (제10-126호)
주소   04029 서울시 마포구 동교로12안길 35
전화   02-365-5051
팩스   02-313-2729
전자우편 editor@hyeonamsa.com
홈페이지 www.hyeonamsa.com

ISBN 978-89-323-2366-4 03470